百年漓江

Bainian
Lijiang

——1912 年以来的漓江生态环境
变迁与保护行动

陈文彬　何乃柱 / 主编

李天雪　翟禄新　张力丹 / 副主编

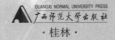

GUANGXI NORMAL UNIVERSITY PRESS
广西师范大学出版社
·桂林·

图书在版编目（CIP）数据

百年漓江：1912年以来的漓江生态环境变迁与保护行动 / 陈文彬，何乃柱主编. —桂林：广西师范大学出版社，2019.6
ISBN 978-7-5598-0602-4

Ⅰ. ①百… Ⅱ. ①陈… ②何… Ⅲ. ①漓江－流域－区域水环境－区域生态环境－研究 Ⅳ. ①X321.267

中国版本图书馆 CIP 数据核字（2018）第 005491 号

广西师范大学出版社出版发行

（广西桂林市五里店路 9 号　邮政编码：541004）
网址：http://www.bbtpress.com
出版人：张艺兵
全国新华书店经销
广西壮族自治区桂林漓江印刷厂印刷
（桂林市叠彩区西清路 9 号　邮政编码：541001）
开本：720 mm × 1 000 mm　1/16
印张：14.75　　插页：14　　字数：180 千字
2019 年 6 月第 1 版　　2019 年 6 月第 1 次印刷
定价：68.00 元

鸣　谢

本书出版得到了共青团桂林市委员会"保护母亲河——漓江"环保基金、桂林银行、"《百年漓江》生态变迁研究"课题和广西文科中心"发展城市爱心 GDP 在桂林国际旅游胜地建设中的作用研究"课题的支持。特此致谢！

《百年漓江》编委会

编委会主任：

陈文彬（共青团桂林市委员会）

何乃柱（广西师范大学法学院／政治与公共管理学院）

编委会副主任：

李天雪（广西师范大学历史文化与旅游学院）

翟禄新（广西师范大学环境与资源学院）

张力丹（共青团桂林市委员会）

李兴华（桂林银行监事长）

编委会成员：

唐宗祥（桂林市纪委）

蒋春凤（广西师范大学历史文化与旅游学院研究生）

蔡　芬（广西师范大学历史文化与旅游学院研究生）

陈　曦（广西师范大学文学院研究生）

吴秋萍（广西师范大学法学院／政治与公共管理学院）

何广寿（广西师范大学出版社）

卢阿莲（广西厚生社会工作服务中心）

农智杰（广西师范大学环境与资源学院）

罗富元（广西师范大学人事处）

彭飞燕（广西师范大学教育学部）

共青团桂林市委员会其他成员

《咏桂林》

乐子

远目眺山峦，奇峰生池间。
观止叹漓江，碧波荡清涟。
汉元置始安，沧桑两千年。
今朝数风流，自奋莫等闲。

象鼻山（广西师范大学 老牛／摄，2018）

与黄鹤楼齐名、位于漓江之畔的桂林逍遥楼（王占飞／摄）

老者牧归（广西师范大学 老牛／摄，2018）

清末民国初期的漓江和漓江边上的永济城门楼（英国人 R. F. C. Hedgeland 拍摄）

1930 年漓江边的码头（摘自桂林生活网）

20世纪30年代桃花江上的竹筏和待运输销售的竹子（摘自桂林生活网）

20世纪30年代的桂林象鼻山及漓江浅滩（摘自桂林生活网）

1935年时的桂林市区漓江边（摘自桂林生活网）

曾被孙中山、郭沫若等誉为岭南第一园的桂林市雁山园至今已有150多年历史

1981 年的桂林山水（Burt Glinn/ 摄）

1994 年漓江洪灾时的象鼻山（摘自桂林生活网）

1999 年，保护母亲河漓江行动植树活动

1999 年，保护母亲河漓江行动植树活动

2000 年 1 月，青年志愿者向漓江投放鱼苗

2007 年 4 月，青年志愿者清洁漓江垃圾

2002 年时雪景下的桂林象鼻山（摘自桂林生活网）

2007 年 5 月，"保护母亲河 关爱贫困生"桂林市共青团漓江徒步活动

2008 年 12 月，灵川县漓江鱼类资源增殖放流仪式

2009 年 6 月，"世界的漓江 我们的家园"保护母亲河活动

2009 年 9 月，青年志愿者开展清洁漓江活动

2010 年 3 月，桂林十万青少年造林绿化大行动在阳朔举行

2010 年 4 月，"我们的漓江 世界的漓江"中国—东盟青年营呵护漓江主题活动

2010年4月，中国—东盟青年营呵护漓江放生鱼苗

2010年4月，中国—东盟青年营呵护漓江种植友谊树

2010 年 6 月，科学保护漓江水生资源活动启动仪式

2011 年，团中央在阳朔召开保护母亲河行动——呵护漓江调研座谈会

2011 年，青年志愿者开展保护漓江宣传调查活动

2011 年 5 月，青年志愿者积极参与"保护漓江生态环境我行动"活动

2011 年 7 月，"同一条漓江 同一个梦想"桂台青少年呵护漓江主题活动

2011 年 10 月，共青团广西区委授予阳朔县石板桥村"国际青年志愿者村"称号

2012 年 5 月，"世界的漓江 我们的家园"保护母亲河漓江环保基金捐赠暨生态考察徒步行动启动仪式

2013 年 4 月，"徒步漓江·清洁母亲河"叠彩区青年志愿者在行动

2013 年 4 月，桂林市"整治环境 清洁漓江"青年志愿者大行动在解放桥码头举行

2013 年 5 月，保护"喀斯特地貌、漓江生态环境志愿服务活动"启动仪式

2015 年 6 月，桂林青少年保护漓江大型公益行动

2015 年 6 月，桂林市高校环保联盟参加桂林青少年保护漓江大型公益行动

2016 年 5 月，"珍爱美丽漓江 建设胜地桂林"——2016 年保护母亲河漓江环保基金捐赠暨绿色长征公益健走活动

2016 年 5 月，青年志愿者在漓江边放生鱼苗

2017 年 5 月，桂林银行向共青团桂林市委捐赠 45 万元青少年"保护母亲河——漓江"环保基金

2017 年 5 月，少先队员积极参加"保护漓江母亲河·共创全国文明城"鱼苗放生活动

2014 年起可可小爱保护漓江环保公益宣传片不断制作和发行

2016 年可可小爱保护漓江环保公益宣传片获团中央充分肯定

党和国家领导人对漓江的评价
和对生态保护的指示

　　1963年2月,时任国务院副总理兼外交部部长陈毅和夫人张茜陪同柬埔寨王国西哈努克亲王夫妇参观芦笛岩和叠彩山时作诗两首。其中《游桂林》这样写道:"愿作桂林人,不愿作神仙。"

　　1973年,邓小平同志游览漓江时说:"如果你们为了发展生产,把漓江污染了,把环境破坏了……搞不好,会功不抵过啊!"

　　1978年10月9日,桂林接到了邓小平同志的重要批示:"桂林漓江的水污染得很厉害,要下决心把它治理好。造成水污染的工厂要关掉!'桂林山水甲天下',水不干净怎么行?"

　　1979年1月6日,针对桂林治理污染进展不力的情况,邓小平再次批示:"要保护风景区。桂林那样好的山水,被一些工厂在那里严重污染,要把它关掉。"

　　习近平同志多次表示:"漓江不仅是广西人民的漓江,也是全国人民、全世界人民的漓江,还是全人类共同拥有的自然遗产,我们一定要很好地呵护漓江,科学保护好漓江。"

序

一

漓江是一条母亲河。

漓江，属于珠江流域、桂江上游。漓江从兴安县的猫儿山发源，经灵川、桂林市区、阳朔到平乐与荔江、茶江汇合成桂江。

对于漓江流域的划分方法，各学者有不同的看法。传统意义上的漓江起点为桂江源头越城岭猫儿山，现代水文定义为兴安县溶江镇灵渠河口，终点为平乐三江口。一般认为，漓江流域应该以桂林市为中心，包括与漓江源头、干支流的生态圈有密切关系的区域，流经桂林市区及资源、兴安、灵川、临桂、阳朔、龙胜、永福、恭城、平乐、荔浦等十一个市县。

漓江流域的大部分区域为典型的岩溶地貌，总体呈两侧高、中部低，处在自西北向东南延伸的喀斯特(岩溶)盆地中。漓江流域是世界岩溶峰林景观发育最完善的典型之一，其面积之大，发育之全，历史之悠久，文物古迹之丰富，在全世界独一无二，堪称世界自然文化的瑰宝。漓江流域独特的地理位置和典型的喀斯特地貌特征，孕育了独绝天下的自然景观——桂林山水。

漓江流域分布着一系列盆地，在溶蚀的平原和低地上，屹立着石峰并发育有大量的洞穴。宋代诗人陈藻写诗称赞道："桂林多府洞,疑是馆群仙。"据《桂林旅游资源》一书统计,桂林市漓江风景区有游览价值和文史价值的溶洞75个。①

漓江流域这种独特的地貌特征为历代文人所赞颂。唐代文学家韩愈就描写桂林山水为"江作青罗带,山如碧玉簪"。画家丰子恺描述桂林山水时也写道:"山如眉黛秀,水似眼波碧。"

二

公元前217年,秦始皇下令在今桂林市兴安县境内修筑灵渠,发兵岭南、统一中国,设立桂林郡,辖地包括广西大部分地区。公元前111年,汉武帝在桂林设置始安县,为桂林建城之始。宋以后到1949年初,桂林一直是广西的政治、文化中心。

自此之后,漓江流域独特的地理位置和典型的喀斯特地貌所孕育的桂林山水成为历代文人、仕宦争相称赞的对象。

独秀峰是桂林山水精华之一,南朝刘宋著名文学家颜延之作诗曰:"未若独秀者,峨峨郭邑间。"唐朝诗人张固作《独秀山》曰:"孤峰不与众山俦,直入青云势未休。会得乾坤融结意,擎天一柱在南州。"②

关于桂林山水,亦有许多历史名人给予了很高的评价。唐代诗人韩愈在《送桂州严大夫同用南字》中如此描述桂林山水:"江作青罗带,山如碧玉簪。"公元1201年宋朝诗人王正功出席了地方

---

①转引自庞铁坚.漓江[M].广州:广东人民出版社,2010:15.
②摘自中国人民政治协商会议广西壮族自治区委员会编.历史名人写广西[M].桂林:广西师范大学出版社,2012:47.

政府为乡试科举考试胜出的举子举行的欢送宴，席上作诗："桂林山水甲天下，玉碧罗青意可参。"这首诗刻于独秀峰读书岩的崖壁之上。

真正以旅行家身份来桂林的是徐霞客。公元1637年4月28日，徐霞客到桂林，在桂林城外，徐霞客看到了桂林山水后如此描述："石峰之下，俱水汇不流……诸峰倒插于中，如出水青莲，亭亭直上。"5月21日，他抵达阳朔后这样描述："县之四围，攒作碧莲玉笋世界矣。"[①]他从湘江进桂林，过相思埭，经洛清江出桂林。在此期间，足迹遍布全州、资源、兴安、灵川、临桂、阳朔、永福等县，考察了桂林大部分著名的山峰溶洞，写下了约六万字的考察日记收入《徐霞客游记》。民国诗人吴迈曾有诗说："桂林山水甲天下，阳朔堪称甲桂林。群峰倒影山浮水，无水无山不入神。"

元代吕思诚将当时人们公认的桂林最好的风景概括为"桂林八景"，包括：桂岭晴岚、訾洲烟雨、东渡纯澜、西峰夕照、尧山冬雪、舜洞熏风、青碧上方、栖霞真境。清光绪十七年（1891年）邑人朱树德增补了桂林"新八景"，包括：叠彩和风、壶山赤霞、南溪新雾、北岫紫岚、五岭夏云、榕城古荫、独秀奇峰、阳江秋月。1992年桂林市景点征名小组又通过公众参与评出了桂林"新二十四景"：榕湖春晓、古榕系舟、象山水月、南桥虹影、还珠试剑、拿云览胜、木龙古渡、老人高风、隐山六洞、西山佛刻、桃江拥翠、芦笛仙宫、花桥映月、七星洞天、驼峰赤霞、龙隐灵迹、桂海碑林、南溪玉屏、冠岩水符、漓江烟雨等。近年来，桂林市又新开发了两江四湖、世外桃源、

---

① 黄伟林.漓水青莲：桂林古代养正文化巡览[M].桂林：广西师范大学出版社,2012:3.

愚自乐园等。①

　　康有为曾两次到桂林,其在《将至桂林望诸石峰》中这样描述桂林山水:"峰峦奇耸百万亿,海之涛涌云之铺。群山奔走争占地,不开原野供官租。"②此外他在《漓江杂咏》中这样描述桂林:"锦石奇峰次第开,清江碧溜百千回。问余半月行何事,日读天然画本来。"他对桂林山水流连忘返,在宝积山北的铁塔寺发现了一个岩洞后,题名为"康岩",把桂林北城边的一处洞穴命名为"素洞",还写出了"康岩素洞足烟霞,桂树幽幽吾所家""碧水青山数驿程,幽幽桂树最多情"的诗句。除了游山玩水,康有为的桂林之行也是宣传变法之行,以期培养对社会有用之人。他曾作诗:"桂林片石一枝秀,领袖八桂诸才贤。誓将手植万树桂,巍巍玉立苍梧边。"③

三

　　漓江是桂林的,更是世界的。

　　在一百多年的发展演化过程中,漓江流域经历了人口膨胀、人类活动加剧、全球气候变化等外部环境的变化,漓江流域的自然资源、生态环境均经历了剧烈变迁。

　　民国时期漓江流域的自然灾害频发。北洋政府的《政府公报》上有这样的记录:"1913 年 6 月,广西漓江、郁江各属淫雨连

---

①庞铁坚.漓江[M].广州:广东人民出版社,2010:78.

②摘自中国人民政治协商会议广西壮族自治区委员会编.历史名人写广西[M].桂林:广西师范大学出版社,2012:287.

③中国人民政治协商会议广西壮族自治区委员会编.历史名人在广西[M].桂林:广西师范大学出版社,2012:395.

绵,江水泛滥,临桂、灵川、龙胜、全州、永福、苍梧、贺县、恭城等县田禾荡没,废舍为墟,遍地鸿嗷。"[1]

20世纪80年代,漓江上游植被的重大变化影响了生态环境。由于缺乏对水源林的保护,滥砍滥伐的情况非常严重,近20多年来水源林数量严重减少,其保土蓄水能力明显减弱,对水质的影响也较大。

就降水而言,近60年的地面观测资料显示,桂林降水无明显变化,但有研究者认为,随着全球气候变化,降水波动幅度会增大,即干旱和洪水发生的可能性会增大。

62年的数据显示,在全球气候变化背景下,漓江流域气温呈波动上升的趋势,这将导致自然灾害发生的频率增加、生物多样性发生变化、物种迁移等。

四

针对漓江生态环境恶化的情况,民国以来,历届政府都采取了一些保护漓江生态环境的举措。

陆荣廷当政时期,向中央政府求得拨款,又通过增加附加税、对受灾地区减少赋税等措施保护漓江。与此同时,陆荣廷还想到了对于灾害应该防患于未然的办法。于是他想到了用植树的方法来治理水土流失,还设立了实业科,进行植树造林等实践。还出台政策鼓励人们兴修水利,如此一来,农作物得到灌溉,航运业得到

---

[1]转引自唐凌.陆荣廷统治时期广西的水灾及其救灾防灾措施[J].广西民族研究,1999(3):76.

发展，还有利于抗灾排洪。

孙中山在其《建国方略》中提到的第三计划，其中改良广州水路系统中的第二项即为治理西江计划，尤其提到了桂江到漓江的水路治理。在桂期间，他下令成立船务管理机构，派兵保护运输，注重发挥广西航运的作用。孙中山在一封给友人的信中说："人们形容说'桂林山水甲天下'，的确很对。这里大多数的山都是由石灰石构成的，奇异石柱式的山峦重叠蜿蜒，如稍加想象，人们仿佛见到了人和动物的各种形象。"

新桂系的李宗仁和白崇禧主要对漓江的航道、码头、商业环境、水资源等进行了治理，以漓江为中心的桂林也因此获益良多。当时国内不少名流学者以及国外记者到广西观光，赞扬当时的广西比蒋介石"中央政府"统治下的省份有朝气，是一个模范省。抗日战争爆发以后，前线不断失利，让地处后方的桂林成为前线城市工业内迁的首选。漓江作为桂林的主要水路运输航道，在这期间扮演着重要的角色，漓江也迎来了自己的黄金时期。

1949年新中国成立后，桂林市政府因地制宜，在1953年组建了港口管理机构，建设的客货码头和港口设施极大地提高了全市防灾抗灾减灾能力。随后的1956年桂林港船民对漓江各滩进行了疏浚整治，横山滩再次进行改道，改善了航道面貌，提高了通航能力。此外，政府还带领人民群众锤石碴，修道路，清理榕湖、杉湖的淤泥，集资建桥。但是由于江流防洪等设施的年久失修与战争时期所受到的破坏，导致新中国成立初期漓江的洪涝与季节性的周边田地干旱问题难以得到解决。

"大跃进"时期的浮夸口号以及对本阶段生产力水平的认识不足,导致技术落后、污染严重的小工厂数量迅速增加。大炼钢运动使桂林消耗了大量自然资源,造成了漓江沿岸森林受损,尤其是漓江源头海洋山被严重破坏。不过这一时期,大量的竹林得以种植,青狮潭水库得以修建。

"文革"时期,漓江流域的树木被大量采伐;"文革"期间正值"小三线"运动兴起,桂林开始狠抓钢铁、煤炭,初步形成了以机械、电子、纺织、食品、橡胶、医药、化工为主要支柱的工业体系,这对漓江的生态环境影响巨大。

1978年10月9日桂林接到了邓小平同志的重要批示:"桂林漓江的水污染得很厉害,要下决心把它治理好。造成水污染的工厂要关掉!'桂林山水甲天下',水不干净怎么行?"为此,以漓江为首的主要河流治理开始提上国家日程。桂林市被列为全国重点治理环境污染的20个城市之一。1979年1月6日,针对桂林治理污染进展不力的情况,邓小平再次批示:"要保护风景区。桂林那样好的山水,被一些工厂在那里严重污染,要把它关掉。"1979年1月18日,国务院就以〔1979〕11号文件批转原国家建委《关于桂林风景区污染治理意见的报告》。

20世纪80年代至20世纪末,漓江治理成效显著。但进入21世纪后,随着人口的增加、全球气候变暖、漓江流域人类行为(如漓江边养殖、挖沙、毁林、农家乐、工厂排污等)对漓江的破坏和污染,漓江流域生态环境又面临新的问题和形势。

为此,桂林市也下大力气对漓江流域生态环境进行了整治,如

2000年初开始,漓江上游各县乡进行了卓有成效的水源林恢复工作;2011年出台了《广西壮族自治区漓江流域生态环境保护条例》,并接连出台了结合桂林国际旅游胜地建设打出漓江生态保护的组合拳、大力整治污染漓江的违法行为、大力营造保护漓江的环保文化、推动经济发展的结构性转变如推动绿色生态旅游和漓江流域生态农业的发展、推动公共服务设施的环保化、实施"漓江百里生态示范带建设"等多个专项行动。

党的十八大以来,桂林市市委、市政府高度重视漓江治理工作,把漓江治理工作融入"五位一体"总体布局和"四个全面"战略布局的推进中。党的十九大召开后,桂林市市委、市政府高举习近平新时代中国特色社会主义思想伟大旗帜,全面贯彻党的十九大精神,牢固树立"绿水青山就是金山银山"的执政理念,敢作敢为,触及根本,惠及民生,推动漓江保护利用步入科学化、法治化、规范化、长效化轨道。

在桂林市市委、市政府的正确领导下,桂林共青团系统在保护漓江方面开展了独具特色、卓有成效的工作。1999年共青团桂林市委员会和共青团广西区委启动了保护漓江母亲河的行动,桂林市还成立了保护母亲河领导小组。共青团桂林市委员会开展漓江保护的主要举措有:大力宣传"世界只有一条漓江"的旅游环保理念;积极拓展漓江保护的善款募集渠道,如携手桂林银行设立漓江保护专项基金并每年开展保护漓江活动;建立冠名林或植纪念林;积极开展多样化、各阶层人士参与的保护漓江的环保教育;积极引导和组织公众参与鱼苗放生、环境监测等活动;培育一批环保公益社团和青年社会组织;大力发动企事业单位积极参与漓江保护工作;积极引导和协调人大代表、政协委员通过制度化的建议渠道开展漓江保护;引入"可可""小爱"等动漫人物,依托"互联网+"来宣传漓江保护;积极引导国际友人参与漓江保护,如2001年3月3日,国际青年志愿者漓江生态保护站在桂林正式挂牌成立,2011年举办国际青年"绿色漓江行动推进会",2010年中国—东盟青年营共建生态树、一起放生鱼苗等。

党的十八大、十九大召开之后,共青团桂林市委员会高举习近平新时代中国特色社会主义思想伟大旗帜,全面贯彻党的十八大、十九大精神。不忘初心跟党走,牢记青春使命,奋发务实,勇于自我革命,团结带领广大团员青年、新兴青年群体、青年社会组织等参与漓江保护,实现了漓江保护的社会化、组织化、常态化、专业化、项目化和国际化。

五

《百年漓江》这本书主要介绍了1912年以来漓江的生态环境变迁的特点、原因,生态环境变迁对我们的影响,不同时代漓江治理的举措和得失,国家领导人对漓江治理的重视等等。我们编撰此书的主要目的是引导公众树立"绿水青山就是金山银山"的理念,呼吁社会各界一起关注和保护漓江。本书受时间等诸多条件限制,疏漏和错误在所难免,望社会各界给予批评指正。

漓江是一条母亲河,漓江是世界的漓江。漓江的美需要我们像呵护自己的生命一样来呵护。

2016 年 6 月 1 日，桂林市市委书记、市人大常委会主任赵乐秦就漓江保护管理工作进行专题调研并现场办公。他指出，"桂林山水甲天下"这一名句传唱 800 多年，足以证明生态环境对桂林的极端重要性。漓江是上天赐予我们最宝贵的财富，是我们赖以生存、最引以为豪的"传家宝"。保护漓江责任重大、任务艰巨、使命光荣。如果漓江的生态被破坏了，桂林山水就不"甲天下"了，桂林也就不是桂林了。

让心灵与山水同美。

编　者
2017 年 10 月

目 录

第一篇

生态环境篇

百年漓江，漓江百年。漓江是桂林人民的母亲河。在一百多年的发展演化过程中，漓江经历了人口膨胀、人类活动加剧、全球气候变化等外部环境的变化，漓江流域的自然资源、生态环境均经历了剧烈变迁。回顾这些变迁，有助于理解人类活动对漓江会产生怎样的影响，如何减缓或适应这些影响，让漓江的生态环境得到切实的保护，让人与自然和谐相处，对造福子孙后代有非同寻常的意义。

第一章　漓江流域及其自然环境

第一节　漓江流域的地理位置与区域范围

一、漓江流域的三种划分视角

对于漓江流域的划分方法，学者有不同的看法。学术界一般从三个视角关注漓江，界定漓江的范围。

一是自然地理视角，特别是从水文学角度来界定漓江的范围，如源头、干流、支流、河口、泥沙、水能资源等。如陈宪忠从地理区划的角度出发，认为漓江流域应该以桂林市为中心，包括与漓江源头、干支流的生态圈有密切关系的区域，流经桂林市区及资源、兴安、灵川、临桂、阳朔、龙胜、永福、恭城、平乐、荔浦等十一市县，流域面积 17 959 平方公里。

二是旅游视角，即重点体现漓江的旅游和经济价值，故多关注漓江周边的旅游景点及其空间配置，并将这些景点作为一个整体来分析研究旅游对区域经济的影响。如阳国亮依据旅游圈理论，认为漓江流域旅游圈是以桂林市为中心，以漓江流域为辐射纽带而形成的区域旅游系统层次架构。圈层的划分不以地理位置为限，主要是按照开发程度及其与中心地的协作关系和程度来确定，粗略地划分为四个圈层：（1）桂林城区及市郊，这是第一圈层，即核心层；（2）恭城、龙胜、资源、阳朔、兴安、荔浦，这是第二圈层，即腹地层；（3）永福、全州、临桂、灵川、平乐、灌阳，为第三圈层，称为辐射层，即第三圈层；（4）从旅游流的流向、漓江流域圈对周边景区的集聚关系来看，一些旅游区域实际上已成为漓江流域旅游圈的组成部分，称为第四圈层，实际上也就是对外的扩散层。

三是从行政区划的角度来界定漓江，如区、县及人口、经济等。从行政区域界定漓江时又分为两种：一种是将涉及漓江水系的区、县作为关注对象，另一种则是将桂林市现在的六区十一县全部作为漓江的影响范围。如有些学者从行政区划的角度来界定漓江流域的范围，漓江流域包括桂林市的六城区以及阳朔、兴安、灵川的全部或者部分县域。这种划分方法只是从漓江流域的自然范围进行划分，而漓江流域的旅游辐射和经济辐射并没有考虑在内。也有一些学者将漓江流域界定为整个桂林市的六个城区和十一个县的全部行政区域。后来桂林市出台了桂林漓江风景名胜区的总体规划，漓江风景名胜区包括桂林城区部分，南起斗鸡山、北至虞山大桥的漓江沿岸;漓江及遇龙河部分,北起斗鸡山,南至留公村。

二、漓江流域的区域范畴

一般认为,漓江流域发源于广西桂林市兴安县华江瑶族乡猫儿山,源头为猫儿山东北面海拔 1732 米(黄海基面)的老山界南侧的八角田铁杉林,属珠江水系,为西江支流桂江上游河段的通称。全流域位于广西东北部。

传统意义上的漓江起点为桂江源头越城岭猫儿山,现代水文定义为兴安县溶江镇灵渠河口,终点为平乐三江口。

漓江上游河段为大溶江,下游河段为传统名称的桂江。灵渠河口为桂江大溶江段和漓江段的分界点,荔浦河、恭城河口为漓江段和桂江段的分界点。主要支流有小溶江、甘棠江、桃花江、良丰江、黄沙河、西河、潮田河、兴坪河、金河、遇龙河等。

漓江段全长 164 公里,整个漓江流域以漓江为轴线,呈南北向狭长带状分布,沿江河床多为卵砾石,泥沙量小,水质清澈,两岸多为岩溶地貌。

第二节　漓江流域的自然环境资源

一、漓江的地形地貌

漓江流域包括桂林市区以及资源、兴安、灵川、阳朔、龙胜、永福、恭城、平乐、荔浦等十个行政区划,面积 17 959 平方公里,流域内的人口约224万。目前整个漓江流域都是桂林市的行政管辖范围。因此,全面认识桂林市的自然经济概况,对于认识漓江变化至关重要。

桂林市是世界著名的风景游览城市和中国历史文化名城,是广西东北部地区的政治、经济、文化、科技中心。全市辖六个城区十一个县,即秀峰、叠彩、七星(高新)、象山、雁山、临桂区和灵川、兴安、全州、灌阳、资源、永福、阳朔、荔浦、平乐县和龙胜各族自治县、恭城瑶族自治县。据全国第六次人口普查数据显示,桂林市人口总数为4 988 397人,其中常住人口为4 747 963人,[①]总面积2.78万平方公里。[②]

桂林地处南岭山系西南部,广西壮族自治区东北部,湘桂走廊南端。湘桂铁路与漓江纵贯南北,贵广高速铁路横穿全境,有321、322、323三条国道穿过。桂林市地处东经109.36—111.29度、北纬24.15—26.23度间,平均海拔150米,北面、东北面与湖南交界,西面、西南面与柳州市、来宾市相连,南面、东南面与梧州市、贺州市相连。

(一)漓江流域的地势

漓江流域地势北高南低,北部主要是中低山碎屑岩区,南部主要是岩溶峰丛洼地、峰丛河谷与峰林平原,以低山、丘陵、岩溶地貌

---

①广西统计局.桂林市2010年第六次全国人口普查主要数据公报[EB/OL].http://www.gxtj.gov.cn/tjsj/tjgb/201107/t20110715_1074.html.

②摘自桂林市统计局.桂林市2010年第六次全国人口普查主要数据公报[EB\O].http://www.gltj.gov.cn/tjsj/pcgb/201209/t20120924_283928.htm.

为主,漓江贯穿在两者之间。中泥盆世晚期,现灵川大部分地区是浅海;晚泥盆世时期,灵川断裂成深海槽;中石炭纪起,灵川完全变为陆地。目前,灵川县境内还竖立着"国际泥盆—石炭系界限辅助层型剖面南边村界线剖面"的标志碑。[①]

漓江流域整体地势是由北向南倾斜,北部是五岭之一——越城岭,平均海拔900—1100米,其中猫儿山是漓江的发源地,主峰为2 141米,为华南第一峰。中部是漓江岩溶谷底,海拔在100—600米间,发育有溶蚀平原、峰丛洼地和峰林平原。漓江流域主要的山脉山峰有:越城岭、才喜界[②]、北障山[③]、尧山[④]。

(二)漓江流域地貌特点

漓江流域的大部分区域为典型的岩溶地貌,总体呈两侧高、中部低,处在自西北向东南延伸的岩溶盆地中。岩溶峰林地貌是桂林重要的旅游资源。遍布全市的石灰岩经亿万年的风化侵蚀,形成了千峰环立、一水抱城、洞奇石美的独特景观。

漓江流域是世界岩溶峰林景观发育最完善的典型之一,其面积之大,发育之全,历史之悠久,文物古迹之丰富,在全世界独一无二,堪称世界自然文化的瑰宝。漓江流域独特的地理位置和典型的喀斯特地貌特征,孕育了秀甲天下的自然景观——桂林山水。

其中,漓江流域分布着一系列盆地,在溶蚀平原和低地上,屹

---

①灵川县地方志编撰委员会编.灵川县志[Z].南宁:广西人民出版社,1997:81.

②据载,该山海拔1 287米,位于九屋镇,为湖南入桂的主要通道,1934年红军长征经此西进。

③据载,北障山位于灵川县三街镇凉风村北,海拔884.5米,是湘桂走廊出口。

④据载,尧山海拔909.3米,是桂林市市区诸山之冠。

立着石峰并发育有大量的洞穴。宋代诗人陈藻写诗称赞道："桂林多府洞，疑是馆群仙。"漓江流域的溶洞比较有名的有：龙岩、象鼻岩、芦笛岩、七星岩、冠岩、银子岩。据《桂林旅游资源》一书统计，桂林市漓江风景区有游览价值和文史价值的溶洞有 75 个。[1]

唐代诗人柳宗元对桂林山水的描述是："桂州多灵山，发地峭竖，林立四野。"清朝著名学者魏源曾作《桂林阳朔山水歌》对阳朔的喀斯特溶洞进行了描述："奇峰之外为洞崖，奇峰之腹空且恢。非土非石谁胚胎，地地矗立天天埋。鸿蒙前土劫前灰，娲手亲抟随意堆。以石为天云为苔，钟乳随空垂万荄。如山侧竖莲倒开……钟鼓不考谁自锤，金山入定跌莲台。"[2]

漓江流域这种独特的地貌特征被历代文人的诗词所赞颂。唐代文学家韩愈就描写桂林山水为"江作青罗带，山如碧玉簪"。漓江两岸，奇峰夹岸、碧水潆洄，青山浮水，风光秀丽，犹如一幅百里画卷。画家丰子恺描述桂林山水时也写道："山如眉黛秀，水似眼波碧。"

二、漓江流域的土壤与矿产

(一)漓江流域的土壤

桂林市的大部分区域地处南岭山系的西南部，属红壤土带，以红壤为主，酸碱度为 4.5—6.5。依其成土的母质可分为红壤土、石

---

①转引自庞铁坚.漓江[M].广州：广东人民出版社，2010：15.

②中国人民政治协商会议广西壮族自治区委员会编.历史名人写广西[M].桂林：广西师范大学出版社，2012：204.

灰土、紫色土、冲击土、水稻土等5个土类,14个亚类,36个土属,89个品种。

漓江流域的山地以砂页岩为主,石灰岩和花岗岩次之。自然土壤以红壤、黄壤分布最为广泛,土层较厚,50厘米以上的厚层、中层土占80%左右。[①] 耕作土壤中,水田以淹育型水稻土为主,土质结构较好,松软肥沃。河流冲积母质沙壤土和水稻土,土层深厚,耕作性良好,是水稻和蔬菜高产区;中色石灰土和黑色石灰土,宜旱地作物和林业生产。其中,湘桂走廊谷底的平坦地区,土层较厚,土质肥沃,是本地区发展粮食作物和经济作物的适宜地区。丘陵地区的土壤呈微酸或中性,有利于柑、橙、沙田柚等果树的生长。

（二）漓江流域的矿产

桂林矿产资源丰富,矿种主要有赤铁矿、黄铁矿、褐铁矿、铅、锌、锡、钨、铝、铌、钽、锰、滑石、重晶石、萤石、花岗石、石灰石、大理石等40多种。其中探明有一定储量的有30多种,在广西位于全国前列的36种矿产中,桂林占17种,其中大理石、花岗石、石灰石、滑石分布广,储量大,品质优,易开采,前景广阔。

三、漓江流域的主要植被与珍稀植物

（一）漓江流域的主要植被

桂林市有高等植物1000多种,包括银杉、银杏等名贵树种。其中,漓江流域的桂林市区和阳朔县,原生植被属亚热带常绿阔叶林,除了宛田、猫儿山地区尚保存一定面积的原生植被外,其他地

---

① 北京林业大学.广西桂林漓江流域绿化工程规划[Z].2000:2.

区多演变为松、杉、油茶、果树和灌木林。海拔500米以下的地区以天然的马尾松为主,此外还有油茶、柑、橙等经济果林。海拔500—800米以常绿阔叶林为主,海拔800—1400米以落叶阔叶林为主。石山地区常见的有牛尾木、任豆、垂柏等树种。

该流域的兴安县境内海拔700米以下为人工林,主要树种有杉木、马尾松、湿地松、银杏、油茶等;海拔700米以上有桂南木莲、华南樟、香叶樟等常绿阔叶林。该流域的灵川县境内的岩溶地区,以黄荆、檵木、龙须藤等为主,人工种植的有柑橘、银杏等,漓江两岸以马尾松、枫杨、丛生竹、樟树等为主,人工种植主要是柑橘。

此外,漓江流域还分布着可做家具、农具、制漆,又能入药润肺止咳的三尖杉(又名山榧),以及小叶红豆(别名紫檀木)、鹅掌楸(第四纪冰川期残遗植物)、香花木。[①]

林业主产杉木和毛竹。据统计,桂林的森林面积121.56万公顷,森林储蓄量3774.42万立方米,每年可提供木材40余万立方米、毛竹1600多万根。

(二)漓江流域的珍稀和名贵植物

罗汉果,又名拉汗果、青皮果,我国特有的葫芦科植物,原产于广西、广东。桂林的罗汉果最为有名,既可以鲜吃,也可以烘干储藏,为历代贡品,被誉为"神仙果""长寿之神果"。宋代诗人张栻曾作《赋罗汉果》:"黄实累累本自芳,西湖名字著诸方。里称胜母

①灵川县地方志编撰委员会编.灵川县志[Z].南宁:广西人民出版社,1997:124.

吾常避,珍重山僧自煮汤。"①因为罗汉果名字里有"罗汉"二字,诗人不敢享用,但看到山僧用来煮汤,也就放宽心了。

银杏,又名白果、公孙树,树干挺拔、叶形如"鸭掌",造型奇特。其果累累如垂珠,果(种实)为圆形或椭圆形,外种皮肉质,中种皮骨质,内种皮膜质;待叶黄之秋,一片金色,蔚为壮观。灵川县海洋山曾是徐霞客到访的地方,海洋乡的银杏林富有观赏价值,海洋乡也有"天下银杏第一乡"的美名。银杏全身是宝,海洋乡有银杏品种18个,以个大、荚白、早熟而著称,其中桐子果为优良产品,具有很高的经济价值、药用价值和景观价值。② 大桐木湾自然村有2株倒地的银杏,至今不但不枯死,而且枝条代替主干直立生长,果实累累。海洋乡有银杏树3万多株,是全国乡镇中拥有银杏最多的乡镇。

软叶巨杉,俗称"香杉"。1980年,在灵川县西部崇山环抱的小山脊上、海拔700多米的地方,研究人员发现5株软叶巨杉,大者树围290厘米,树高20米以上,树为蘑菇形状,木质细密坚硬,有香梓和檀木的芳香,是油杉的良种。

桂花——桂林市的市花。桂林市满城是桂花,桂花之所以能在桂林市生长,与气候、土壤有关系。每年农历中秋节前后,桂林全城桂花盛开,满城飘香。李清照、宋之问都曾写过有关桂花桂子的诗句。唐朝诗人曹邺为桂林人,曾作诗《寄阳朔友人》如此描

---

① 摘自中国人民政治协商会议广西壮族自治区委员会编.历史名人写广西[M].桂林:广西师范大学出版社,2012:47.

② 灵川县地方志编撰委员会编.灵川县志[Z].南宁:广西人民出版社,1997:123.

述:"桂林须产千株桂,未解当天影日开。我到月中收得种,为君移向故园栽。"

四、漓江流域的生物资源与珍稀动物

（一）漓江流域的生物资源

漓江流域的生物资源丰富,品种多样。动物种类繁多,有1593种,隶属60目295科。陆栖脊椎动物有400多种,其中有云豹、黄腹角雉、穿山甲、果子狸等;水生物有144种,有珍贵的娃娃鱼、鳗鲡等。据最新研究成果,漓江流域上游常见鱼类约有80种,经济鱼类超过20种,分别属于5目10科6个亚科,大多数属鲃鲴亚科、鲴亚科、鮈亚科、鲤亚科种类,鲤形目鲤科种类占优势。主要种类有:青鱼、大眼红鲌、草鱼、大眼华鲴、鲤、短鳍结鱼、胡鮎、倒刺鲃、光倒刺鲃、光唇鱼、花鱼骨、鲫、鮎、斑鳢、黄颡鱼等。主要经济鱼类有:鲤鱼、草鱼、大眼华鲴、倒刺鲃、南方白甲鱼、鲫等。

（二）漓江流域的珍稀动物

漓江流域的动物资源十分丰富,有兽类、飞禽类、鱼类、两栖类、贝类、昆虫类、爬行类等,其中不乏许多珍稀动物。[①] 漓江流域的珍稀动物有2种。(1)娃娃鱼,学名大鲵,又名狗仔鱼,国家二级保护动物。野生的娃娃鱼,体大,全长1米左右,皮肤光滑,全身散有小疣点,头扁宽,眼小,体为黑褐色,多在海拔100米以上的小溪中岩石下有回流且阴暗的洞里;繁殖多在6—8月份,产卵附于洞

---

①灵川县地方志编撰委员会编.灵川县志[Z].南宁:广西人民出版社,1997:6.

壁;血球大且有核,可做血细胞实验研究用。① (2)小灵猫,又名香狸、香猫,体小、棕灰色、尾较长、有黑白相间环纹,产仔多在春末夏初,每次 2—3 仔。阴部有分泌腺,分泌物为灵猫香,香味浓且经久不退,是高级香精原料之一。

①灵川县地方志编撰委员会编.灵川县志[Z].南宁:广西人民出版社,1997:125.

第二章 漓江流域的自然环境变迁与生态保护

第一节 漓江流域的气候及气候变化

一、漓江流域的气候

漓江流域属于低纬度地区,是亚热带季风性湿润气候区。全年气候温和,雨量充沛,无霜期长,光照充足,热量丰富,夏长冬短,四季分明且雨热基本同期,气候条件十分优越。年平均气温为19.3℃,有利于旅游活动的进行。唐代诗人杜甫《寄杨五桂州》曰:"五岭皆炎热,宜人独桂林。"

据统计,桂林境内7月最热,月平均气温为28℃,1月最冷,月平均气温7.9℃。年平均无霜期309天,年平均降雨量1949.5毫米。平均蒸发量1490—1905毫米。年平均相对湿度为73%—79%。全年风向以偏北风为主,平均风速为2.2—2.7米/秒。年平均日照时数为1670小时。平均气压为994.9百帕。

该流域的阳朔县、临桂区年均气温18.8—19.1℃,年降雨量1838—1941.5毫米,年均相对湿度76%,无霜期300—309天。兴安县境内年均气温17.8℃,年均降雨量1814毫米,年均相对湿度79%。灵川县境内,4—8月雨量集中,年均气温18.6℃,年均相对湿度 76%。[1]

二、漓江流域的气候变化特征

近半个世纪以来,在全球气候变化背景下,漓江流域经历了较为剧烈的资源环境变迁。就降水而言,近60年的地面观测资料显示,桂林气象站监测降水无明显变化,但有研究者认为,随着全球气候变化,降水波动幅度会增大,即干旱和洪水发生的可能性将会增大。漓江流域桂林站降水变化如下图所示。

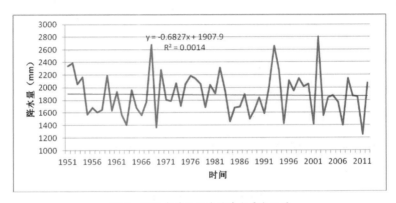

1951—2011 年漓江流域的降水量变化图

就气温而言,近60年来,漓江流域桂林站气温变化如下图所示。下图明显反映出在全球气候变化背景下,漓江流域毫不例外地经历着全球变暖的煎熬:自1951年有现代气象记录以来,漓江

①北京林业大学.广西桂林漓江流域绿化工程规划[Z].2000:1.

流域气温呈波动上升的趋势,其间尽管有变暖趋势减缓的时段,但总体上以暖化为主。气候变暖的潜在影响主要体现在自然灾害的频率增加、生物多样性发生变化、物种迁移等。

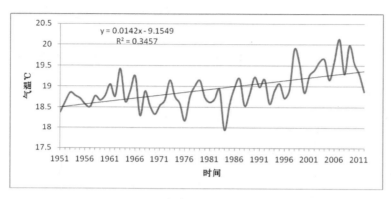

1951—2011 年漓江流域的气温变化图

第二节　气候变化背景下漓江流域植被恢复

一、20 世纪 80 年代以来的漓江流域植被变化

　　漓江上游植被变化也是导致一系列生态环境问题的原因之一。漓江上游有三大自然保护区,80 年代,上游森林覆盖率近58%,中下游则大幅下降,仅为28%左右。此外,在林种比例上,水源林仅占整个森林的30%,且林分质量差,林木单位积蓄量下降,平均每公顷木材积蓄量为44.1 立方米,明显低于全国平均水平的90 立方米。

通过应用遥感解译手段,可以观测到从 20 世纪 80 年代到 90 年代,漓江水源林区的面积下降明显,从 1981 年的 1262 平方千米减小到 1998 年的 513.8 平方千米,2002 年又进一步下降到 214.88 平方千米。同期水源林面积占比也呈下降趋势,1981 年为 24.68%,1998 年下降到 8.86%,2002 年则下降到 4.12%。即水源林面积与植被面积同步下降,表明这一时段漓江生态环境质量下降明显,也反映了管理部门在水源林管理方面存在较大的不足。

究其原因,主要是滥砍滥伐造成水源林破坏严重,原有水源林变成了稀疏残林,林分也由混交林变成了单纯针叶林,林地保水蓄水能力下降。如猫儿山林区的社水河,1955 年以前正常流量是 10 立方米/秒左右,枯水期流量是 0.7 立方米/秒,后来水源林破坏后,河水流量显著减少,至 2000 年左右正常流量只有 0.7 立方米/秒,枯水期流量只有 0.3 立方米/秒。

二、漓江流域的植被恢复

相关调查显示,2000 年初上游各县乡进行了卓有成效的水源林恢复工作。据调查,兴安县华江乡森林覆盖率从 1998 年的 80% 上升到 2002 年的 84%,宜林荒山减少了 633.3 平方千米,毛竹林增加明显,达到 1500 平方千米。但同期,漓江上游三大水源林阔叶林则由 21 893 平方千米下降为 19 287 平方千米,减少 10%。阔叶林积蓄量由 1988 年的 179.08×10⁴ 立方米下降为 1998 年的 131.93×10⁴ 立方米,减少 27%。这说明造林有成效,但因经济利益驱动,林分组成不尽合理,主要表现为:针叶林增加,阔叶林减少;

水源林群落结构受到严重破坏,郁闭度大幅降低;林下枯枝落叶层稀薄,土壤腐殖质层厚度减少;木材积蓄量和水源涵养功能下降,对水质和水量带来一定的影响。

第三节　漓江流域的水资源及自然保护区

一、漓江流域的水资源及变化

(一)漓江水系

漓江是桂林人的母亲河,是流域内300多万人生活、工农业生产、旅游业等赖以维持的源泉。据1993年统计,当时仅桂林市区利用的地表水就有2.5亿立方米,其中有81.6%的水来自漓江;城市工业和生活用水中,有77.6%的水直接取自漓江。

桂林市地处亚热带季风气候区,雨量充沛,地表水资源丰富。全市河流年地表水量为93.5亿立方米,其中面积在100平方千米以上的河流有:漓江、桃花江、良丰河、会仙河、太平河、义江、茶洞河、龙江河、龙胜河、遇龙河、金宝河、大源河等,分属柳江和桂江两大水系。

秦始皇二十九年(公元前218年)秦始皇派监御史禄开凿灵渠,从此灵渠沟通漓江和湘江,联结长江、珠江两大水系。漓江支流的共同特点是河床浅,流程短,水量随季节变化大。例如,灵川县的海洋山,被称为"湘漓二水之源",地层渗水性大,多旱灾,民谣云："好个海洋洞,水往泥里拱。三天不下雨,老少不得空。"[1]

漓江水系的组成如下表所示:

漓江水系的组成

干流	源头—上游—中游(漓江桂林市区段)—下游													入桂江
支流	大溶江	灵渠	小溶江	甘棠江	桃花江	灵剑溪	南溪河	良丰河	西河	东河	潮田河	兴坪河	田家河	荔浦河	恭城河	入桂江

其中,漓江的支流在灵川县境内西段自北向南的支流依次有:小溶江、白云江、潞江、甘棠江(古称龙岩江或灵岩江)、桃花江、黄沙河、潮田河、古东水[2]、海洋河等。

漓江流域的这些河流多地处山区,主要特征是水量充沛,峰高流急,年内洪枯变化大,易发生洪涝灾害,但遇贫水年,则出现断流,极易形成供水危机。

(二)漓江流域的地下水

漓江流域的地下水蕴藏丰富。例如灵川县境内共有泉水286处,多分布在灵田、海洋、大圩、定江、潭下、九屋、公平等石灰岩区。大圩廖家村东部灰岩中有泉水1处,涌水量50升/秒。[3] 1984年中英专家联合考察发现,寨底和毛村有两条较大的地下河。

漓江流域的地下水也是区域内主要的供水水源,特别是近年

---

①灵川县地方志编撰委员会编.灵川县志[Z].南宁:广西人民出版社,1997:64.

②位于灵川境内,发源于旺塘岭西坡,海拔548米,全长8.1公里,流域面积11.04平方公里,河宽6米,小瀑层叠,名"古东瀑群",为游览点。

③灵川县地方志编撰委员会编.灵川县志[Z].南宁:广西人民出版社,1997:7109.

来地表水频频受到污染后,有些城镇的地下水成为城市生活和工业用水的唯一水源。漓江流域内的地下水动态变化特征为气象型,补给来源主要为大气降水,其次为非岩溶区地表水体的侧向补给、渠道和农田灌溉的入渗补给。地下水埋藏浅,一般深 2—10 米,径流途径短,水循环快,洪枯变化剧烈,水位变幅大,增加了开采难度。

(三)漓江流水的水文特征

漓江的水文特征如下表所示:

桂林的水文特征表

水文站名	多年平均径流量(亿立方米/秒)	最大年径流量(亿立方米/秒)	最小年径流量(亿立方米/秒)	多年平均流量(立方米/秒)	枯水期最小流量(立方米/秒)	水力坡度值(‰)	年平均径流模数(吨/秒·平方千米)
桂林站	40.52	56.69	23.30	127.0	3.80	0.58	45.7
阳朔站	71	97.27	47.18	220.55	12.30	0.41	39.0

据统计,桂林市的水资源总量为 120.72 亿立方米,属丰水区,但水量的时空分布极不均匀。汛期洪水极易成灾,同时出现大量弃水,约80%的地表水直接下泄。其他月份的径流量只占总量的20%,枯水期水量严重不足,供水危机时有发生。据历史记载,漓江最大流量为 7810 立方米/秒(1885 年),最小流量为 3.8 立方米/秒(1951 年),多年平均流量 128 立方米/秒,多年平均枯水流量 10.8 立方米/秒,年平均径流量 42 亿立方米,一年中最大与最小月流量相差近 100 倍,径流时序变化极不稳定。

最新统计表明,2012 年桂林市总供水量为 44 亿立方米,其中地表水为 43.13 亿立方米,地下水为 0.88 亿立方米;总用水量为 44 亿立方米,其中农田灌溉用水 28.70 亿立方米,林牧渔牲畜用水 5.86 亿立方米,工业用水 3.63 亿立方米,建筑业和服务业用水 2.27 亿立方米,居民生活用水亿 2.44 立方米,生态环境用水 1.11 亿立方米。

(四)漓江流域的水文特点与补水工程

青狮潭水库距桂林市区 32 千米,总库容 6×10^8 立方米,有效库容 4.12×10^8 立方米,正常水位海拔 225 米,水质为 Ⅱ 类,优良级。桂林市区用水户一般处于海拔 140—180 米之间,故水量、水质等均可满足供水要求。

桂林水文站降水量和流量年内分配表

单位:立方米/秒

项目	n	1月	2月	3月	4月	5月	6月	7月	8月	9月	10月	11月	12月	年合计
降雨量	30	54.8	86.7	128.8	262.7	334.2	319.6	206.2	167.8	71.6	93.1	81.2	46.9	1853.7
%		2.96	4.67	6.94	14.30	18	17.25	11.12	9.05	3.86	5.02	4.38	2.53	
平均流量	41	33.1	60.4	101.6	212.8	316.6	318.1	224.8	123.3	63.1	52.8	48.5	33.6	132.6
%		2.08	3.81	6.35	13.40	20	20	14.18	7.74	3.96	3.32	3.05	2.12	
水文期划分		枯水期	平水期			洪水期			平水期		枯水期			

利用桂林水文站 30 年的降水资料和 41 年的流量资料,分析

得到4、5、6、7四个月为漓江丰水期,多洪水发生;2、3月和8、9月为平水期,即来水接近多年平均情况。值得注意的是,10月至次年1月为漓江枯水期,来水偏少,影响沿河不同用水户的取水,更影响漓江旅游航运,易造成较大的经济损失。因此,相关学者和当地政府提出漓江补水工程。早期具体方案为:漓江补水优先考虑青狮潭水库,确保30立方米/秒的流量;其次是兴安五里峡水库和灵川思安江水库,可保证水量42立方米/秒;第三期则由拟建的小溶江水库、川江水库和斧子口水库补水,水量将达到50—60立方米/秒。

二、漓江流域生态环境保护区及生态变化

2011年11月24日广西壮族自治区第十一届人民代表大会常务委员会第二十五次会议通过的《广西壮族自治区漓江流域生态环境保护条例》规定,漓江流域生态环境保护范围经纬度为:北纬24度38分10秒至25度53分59秒,东经110度07分39秒至110度42分57秒,涉及桂林市象山区、秀峰区、七星区、叠彩区、雁山区、临桂区全境以及兴安县、灵川县、阳朔县、平乐县的部分区域。

漓江流域生态环境重点保护区域包括:漓江干流,自兴安县猫儿山六洞河至平乐县三江口段;漓江源头猫儿山国家级自然保护区及川江、黄柏江、小溶江;青狮潭自治区级自然保护区及甘棠江;海洋山自治区级自然保护区(漓江流域部分)及潮田河;漓江风景名胜区;会仙喀斯特国家湿地公园。

漓江流域可进行成片管理,对全流域影响最大的有三大自然

保护区:猫儿山自然保护区、海洋山水源林自然保护区和青狮潭水源林自然保护区。这三个保护区中,最大水源林为青狮潭水源林,有 384 平方千米,其森林覆盖率高达 80%。

漓江流域上游森林覆盖率为 58.05%,虽然覆盖率较大,但其水源林的比例却只有 30%,且质量较差。漓江流域上游主要的植被为天然次生林、常绿阔叶林和人工林,构成天然次生林的主要有赤楠蒲桃、马尾松、杜鹃花、铁芒萁等,而常绿阔叶林主要有壳斗科和茶科等主要的建群树种,人工林主要有毛竹、经济果木林和杉木林。重点的林区为九屋镇,其森林总蓄积量约有 107 万立方米。另一个作为漓江主要发源地的海洋山水源林自然保护区,其面积超过 904 平方千米,大多为水源涵养林。其中大境乡森林作为重点林区,其森林总蓄积量约有 54 万立方米。

《广西壮族自治区漓江流域生态环境保护条例》实施之前,由于缺乏对水源林的保护,乱砍滥伐的情况非常严重,近 20 多年来水源林数量减少严重,其保土蓄水能力减弱明显,对水质的影响也较大。2002 年,漓江水源林的面积约为 1200 平方千米,而在 1981 年这个数据约为 1600 平方千米,比 1981 年降低了 25%。

(一)猫儿山水源林

猫儿山自然保护区的主体部分为华江乡,华江乡是漓江的主要发源地之一。该乡境内的乌龟江、杉木江、龙塘江、锐伟河、千祥河、升坪河,都发源于华江林区,最后汇集到大溶江流入漓江。

据 1978 年和 1990 年两次华江乡森林资源二类调查,乡域内森林覆盖率有所提高,由 80.83% 提高到 84.91%,新造林增加1.54

万亩,且新造林树种以毛竹为主,竹林面积增加达 2.25 万亩。另一方面,阔叶杂木林却由 32.84 万亩下降到 28.93 万亩,特别是杂木成林由 26.26 万亩下降为 18.83 万亩,下降 28.3%。这些杂木林面积的减少,对漓江水系的发育和水资源调节可能是不利的。华江乡作为漓江源头主要水源涵养区,其森林面积的变化对漓江生态环境影响巨大,应大力关注。

猫儿山主水源地华江乡现状森林资源情况分析

森调时间	森林总蓄积量		阔叶杂木林总蓄积量		林分亩平均蓄积量	杂木亩均蓄积量
	万立方米	成熟林	万立方米	成熟林		
1978 年	188.14	151.11	173.13	150.35	4.85 立方米	5.27 立方米
1990 年	140.54	104.45	131.93	104.35	4.37 立方米	4.56 立方米
减少率	25.30%	30.88%	23.79%	30.60%	9.90%	13.47%

另有统计数据显示,华江乡主林区洞上村的林分面积 1978 年总量为 3868.73 公顷,1990 年减到了 2257.13 公顷,减少了为 41.66%;森林蓄积量 1978 年为 22521.67 万平方米,到 1990 减到 14941.33 万平方米,减少了为 33.66%。华江乡主林区千祥村的林分面积 1978 年为 2642.27 公顷,到 1990 年减到 1757.60 公顷,减少了为 33.48%;森林蓄积量 1978 年为 13579.33 万平方米,到 1990 年减到 9615.2 万平方米,减少了 29.19%。

(二)青狮潭水源林

青狮潭水源保护区是漓江的主要发源地之二,其重点林区在九屋镇。据 1979 年、1988 年两次森林资源调查,10 年间森林总积蓄量下降了 15.82 万立方米,减少率为 12.82%。其中阔叶杂木成林蓄积量减少了 23.27 万立方米,减少率为 25.77%。森林变化的趋势是:成林减少,幼中林增加,大径木下降,积蓄量下降。即原有的森林植被结构破坏严重,复层林变成单层林,涵养水源的功能随之减弱。

第二篇

生态文化篇

第三章　地名中的漓江生态文化与生态保护

　　漓江流域是一个多民族居住区,在青山秀水间,生活着汉、壮、苗、瑶、侗、回等多个民族,他们延续着各自的文化习俗,也在长期与自然相处过程中,形成了一套集民族特色、地域特色和宗教特色于一体的生态观。这种生态观的主旨是调适人类活动与生态系统的关系,并与周围的自然环境、生态环境融为一体。这种生态观的认识根源是"万物有灵"的原始宗教观,通常以山崇拜、水崇拜、土地崇拜、森林崇拜、动物崇拜等原始宗教崇拜形式出现,其目的是通过祭祀或祈祷调适人与各种自然神灵的关系,进而使人与生态环境相亲和、相认同,建立和谐交融的关系。[①] 这在客观上起了维护生态平衡的作用,为各民族营造了良好的生存空间。

　　地名是人们赋予某一特定空间位置上自然或人文地理实体的专有名称,它既是地理环境的产物,又能折射出地理环境的特征,反映人类社会不同历史时期的变迁和人类对地理环境特征的认识。我国著名地名学家曾世英先生说:"作为泛称,地名就是地方的名称。作为专指,每一个地名都是人们对地理环境中具有特定

---

①刘秀珍.漓江生态文化研究[M].桂林:广西师范大学出版社,2010 年。

位置、范围及形态特征的地方所共同约定的语言代号。并不是所有的地方都有地名,只有那些对人们有方位意义,本身又具有可被辨认的自然或人为的形态特征的地方,才有可能被赋予名称。"地名作为人类的语言景观和文化景观,是人类适应环境和对环境做出的反应,也反映出人类与环境的和谐关系。通过对地名的研究,我们可以一定程度上揭示地理环境的变迁和人类社会的演变。

这里我们希望通过对漓江主要流经地区兴安县、灵川县、桂林市区、阳朔县、平乐县进行从区县至村的地名进行梳理,从地名的视角窥探漓江生态文化。

第一节　漓江流域与自然资源和生态环境有关的地名

一、漓江流域反映山、谷等地形特点的地名

漓江流域北部为海拔 900—2000 米的中低山碎屑岩区,南部为海拔 200—600 米的岩溶峰丛洼地、峰林河谷和峰林平原,其中桂林山水是最典型的亚热带岩溶地貌。反映这类地形特点的地名常带有"山、川、岭、坡、峒、冲、坪、陇"等字,或是反映山体对人类活动的影响,或是反映发生在这里的某一人文活动。

最典型的例子是桂林市区的地名,有些直接以境内的山名作为区划名。如秀峰区位于城区中部,因区内的独秀峰而得名;象山区位于城区南部,因区内著名的象鼻山而得名;叠彩区、七星区、雁山区皆因境内有叠彩山、七星山、雁山而得名。

另有一些结合地形特点与谐音的命名，既反映了自然山体的特点，也反映出人们对生活的感知和趣味，阳朔县及下面一些乡镇的得名，就十分有意思。阳朔县城设于阳朔镇，以前是一个村落，名羊角村，秦时已有人定居。隋朝开皇十年(590年)，熙平县治由今兴坪镇狮子崴迁至今阳朔县阳朔镇。县衙建于羊角山下，以羊角谐音"阳朔"命名，阳朔县名始此。阳朔县杨堤乡，原取名为羊蹄村，是因杨堤村后有一山形似羊蹄。后人认为村名"羊蹄"太俗，遂以"羊蹄"二字谐音改称"杨堤"，取垂杨拂堤之意。这样一来，谐音改名既照顾了取名的地理依据，又增添了生活美感，暗示了景区特色。另外位于漓江之滨的兴坪镇，三国吴甘露元年(265年)为熙平县治。县治迁走后，以"熙平"谐音，改名为"兴坪"。位于兴坪镇西北的画山，因西面临漓江，石壁如削，壁上彩纹斑斓，远望如画屏，故名画山。白沙镇的白面山，有一山因山壁宽且白得名。天马山，又称一字山，因两峰高耸，前峰如马头，后峰似马臀。每当晨光初露或雨后天晴，常有岚气绕山，好似一匹骏马披着白绢腾空飞跃，称"天马行空"，故名骥马。还有莲峰，因有碧莲峰，形如待放莲花，周围亭、阁、摩崖、碑刻颇多，取名莲峰，皆为阳朔游览胜地。

除桂林市区和阳朔县山水特色典型的地区地名极具代表性外，漓江流域各县、乡、镇、村的地名也同样反映了山与人们生活之间的关系。如原兴安县护城乡因地处山区和丘陵，南北两端高，中间低，形似马鞍，环抱县城而得名。灵川县由于地质构造与岩层分布不同，县境明显被分割成三条川：海洋山与尧山之间为东川，尧山与长蛇岭之间为中川，长蛇岭与越城岭之间为西川，于此，灵秀山川，"灵川"便由此而来。海洋乡也因海洋山而得名。青龙乡，以境内青龙山命名。兴安县东南部的白石乡，以当地岩洞内石头洁白而命名。乡境四周高，中间低洼，名为白石峒。

漓江流域因山体得来的地名难以计数，一些村落名如屏风山、凤凰山、矮石山、秤砣山、狮子岭、天坪岭、马口岭、西山村、黄泥坪、旗山坪、斗虎岩(豆腐岩)、鸭婆岩、山塘冲、牛角冲、茶洞、广洞、陂头、山脚底等也反映了人们与山打交道的痕迹。

二、漓江流域与水文、地貌等有关的地名

关于漓江的发源地，昔日一种说法认为它源自灵川海洋山，《水经注》称："漓水亦出阳海山"，"湘漓同源，分为二水，南为漓水，北则湘川"。传统意义上的漓江起点为桂江源头越城岭猫儿山，现代水文定义为兴安县溶江镇灵渠口。漓江桂林市区段河床由砂、卵石组成，并常年长有水草。河床滩潭相间，滩长潭深，景致幽丽，颇有趣味。如位于桂林城北七十里的白石潭，其潭原名白石湫，唐代诗人李商隐随好友桂管观察使郑亚来到桂林时做《桂林》一诗，其中就写道："神护青枫岸，龙移白石湫。"另有净瓶山潭(净瓶山因山体倒映水中形似观音大士净瓶而得名)，是桂林最深的潭。

漓江阳朔段两岸是世界上最典型的岩溶峰林地貌，也是广西最美丽的河段，从现雁山区草坪回族乡潜经村开始，漓江进入峡谷地段，蜿蜒于丛山之中，河谷深400米。漓江不但河谷深，且河床比较大，形成许多滩、洲、峡、矶。不少地名中也带有这些字。

漓江流域河网密布，喀斯特地貌奇异诡谲，山水之间透露着人

与自然的和谐智慧。一些地方以境内的河、潭命名，一些以所处河段相对方位命名，一些则以水文地貌与人们相关的生活方式命名。比如，平乐县，以今县城北平乐溪（乐水）取名。县境中部的长滩乡，因此地的白浪滩较长而得名。素有"十榕八桂九井十三塘，一渡两河三上岸"之美称的榕津也因榕津河得名。位于临桂区西部的两江镇，为李宗仁故里，因有洛清江、白江在此汇合，故名两江。兴安县的源江村，因石龙江发源于该乡往北转西汇入灵渠而得名。再如阳朔县白沙镇的古板因古板河而得名，城关乡的樟桂因樟桂河得名，福利镇的双桥、枫林、顺梅、金宝乡皆因流经于此的双桥河、枫林河、顺梅河、金宝河而得名。兴坪镇的水落，因山溪水在此落江得名，村旁有一急流悬泻漓江，形成落差近 10 米的瀑布，称"水落飞瀑"。高田乡的龙潭因这一天然水潭而得名。塘边有一山形似龙头，相传曾有龙在潭中戏水，故名。

还有位于兴安县东部的湘漓镇，以灵渠引湘水入漓江而命名。漠川乡因境内有漠川河而得名。县西南部的溶江镇，因大溶江流经该镇而得名。定江乡，因有桃花江和定江河而得名。坐落于灵川县九屋镇的江头洲古村落，因位于漓江支流甘棠江上游的护龙河西畔，而名江头洲。另县城东郊的分水塘，因湘江和灵渠经由分水塘往东北和西南低处方向分流而得名。

水源与人的生活息息相关，在人们利用和改造环境过程中也产生了一些反映人与水源关系的地名，如以井、潭和田等命名是其表现之一。兴安县护城乡的流碧塘（牛皮塘）因流碧塘井得名，其井水特别清澈，故名为"流碧"。界首镇的茶塘井，此村也因井而得名，因井水冬暖夏凉,热天饮井水有如喝凉茶,故又名茶凉井。灵川县青狮潭镇,镇境西北部群山高耸,为青狮潭水库区,此镇因水库得名。漓江流域稻作文化源远流长,反映这一文化特点的地名如戽水田(汲水灌田)、瓦渣田、荒田、斗子田、大水田等也实际反映了田地缺水状况、土质构成、肥瘦、形态等。另外,其他一些村落地名如罗江、泗江、浔江、浪洲、高洲、江洲、洲子上、地水洞、渡头、滩头、水泊村、烂泥冲、小坪、大坪、坪浸凹、四季浸、田口浸、出水涔、正江涔等无不反映了当地的水文地貌特征和人们对环境的利用和改造。

漓江流域属于多雷区,各个县志中都记载有雷电致人畜损伤的事件。而雷在壮族先民心里被视为神灵,"布雨行云助太平""诛恶安民是神明",桂林的傩舞《雷神》贺神歌和灵川一带的跳神"雷王"贺歌都表达了人们对雷神的信仰。兴安县高尚镇的雷公坪、溶江镇的雷塘等正是自然现象在地名中的反映。

三、与漓江流域生物资源和矿产资源有关的地名

漓江流域生物资源丰富,植被覆盖良好,种类众多,尤其以森林资源最为丰富,在漓江流域生活着各种各样的动物,其中有很多是珍稀野生动物。对待动物和植物,漓江流域的人们有自己独特的生态观。从地名中我们也可以看到动植物在人们生活中的影响。

漓江流域矿产资源较为丰富,特别是有色金属,种类较多,如兴安县矿产资源主要有沙金、钨、铁和铅锌矿等,位于县西北部的金石乡就因产砂金而得名。兴安县兴安镇的银矿冲、石灰塘,灵川兰田瑶族乡银矿岭等都是因此得名。河沙也是漓江流域得天独厚的资

源,临桂区的黄沙乡和渡头乡的河沙,皆因此得名。

　　说起植物,漓江沿岸常见植物有凤尾竹、桂花、榕树、香樟、枫树、乌桕等地方树种,也有柑橘、柚子、柿子、板栗、金橘等经济植物。桂林市因桂树成林,故称桂林,这里的"桂"指肉桂。《旧唐书·地理志》中记载:"江源多桂,不生杂木,故秦时立为桂林郡也。"阳朔县福利镇位于漓江北岸,因原地荔枝成林,村舍隐伏其间,故名伏荔村,1926年取其谐音改称福利圩。临桂区的茶洞乡位于县境西隅,因历史上盛产茶叶(清光绪年间年产茶2万多担,远销江汉一带)、茶油,故名茶洞。平乐县内种植甘蔗,以糖蔗为主,占蔗林总面积93%,其附城乡糖榨村因此得名。雁山区柘木镇也因多柘木(又名黄金木)而得名。其他有地方特色且与人们生活息息相关的林木、花草、作物等,在地名中也难以计数。如带"花""竹""麻""茶""栗""杨""柳""桐""棠""莲""芭蕉"等的名字比比皆是,田树园、桃子坪、葡萄乡、石榴坪、双树塘(桑树塘)、枇杷塘、茶园脚、卷栗坪、棕树湾、绕竹山、刺木山、皂角山、宿棠、粟村、柳山、松树坪、杨梅、桐山、花岭、麻地里、荞麦冲、蕉芭冲、老草岭、灯盏窝(蕨菜岭)、韭菜坪、红莲、大树底、凉树脚等让我们感受到漓江人对身边一草一木的关注和天人合一的生活智慧。

　　树神崇拜在漓江流域各地各民族中都非常普遍,一般来说,村落中常有一两株象征保佑一村平安的大树。树神崇拜都指向一定的树种,如樟、桂、枫、榕、松柏,这在地名中也有所体现。如漓江流域汉族村落中多植樟树、桂花树和枣树,樟、桂气味芳香且四季常绿,人们常赋予其吉祥和辟邪的意味,带"樟"字的地名较多,一如兴安县兴安镇樟木塘。枣树常种在宅基地旁,当地人认为枣树能带来富贵和子孙,取名如灵川县潭下镇的枣木村。松柏常种在祖坟地,当地人认为它庄严肃穆,能保佑祖先安享宁静。以松柏命名的地方不是很多,有松树坪、松岭、栽松坪等。漓江流域壮族居民崇拜榕树,认为榕树根深叶茂,象征着子孙昌盛,榕树盘根错节,也象征着壮族儿女缠绵的爱情。故带"榕"字的地名也很常见,最为典型的是平乐县榕荫庇护的千年古镇榕津,榕津村内的千年古椿群和"华夏第一榕"屹立千载,守护着人们世代的寄托和美丽的祝愿。苗族和侗族居民多崇拜枫树和杉树,《南方草木状》中记载:"五岭之间多枫木,岁久则生瘤瘿,一夕遇暴雷骤雨,其树赘暗长三五尺,谓之枫人,越巫取之作术,有通神之验。"苗族人认为"千祥是枫木桩生,百祥是枫木生"[1],万物的兴起都与枫树有关,因此地名中有"枫木"的很多,如阳朔县金宝乡的枫木寨、兴安县高尚镇的枫木岭,华江瑶族乡的枫木凹、枫木凸等。

漓江流域动物资源非常丰富,流域内各民族也有自己崇拜的动物。地名中出现的动物,一类是人们崇拜的动物,如"龙""凤""麟""龟""鹤"等,一类是与当地环境和人们日常生活相关的动物,如"狼""马""猫""狗""猪""牛""羊""雀""蟆""鱼""虾"等。以这些动物名组合的地名非常多,且重名率极高。带有动物崇拜寓意的地名有盘龙泽、古龙洞、蛟塘、凤楼、凤凰寨、麒麟、琅琥、白鹤、仙鹤谷屯等;因地形地貌与动物相似而得名的如马头山、羊角山、羊尾田、狮子

---

①转引自:康忠慧.苗族传统生态文化述论[J].湖北民族学院学报(哲学社会科学版),2006(3):15—18.

下巴、狗脚岭、猫儿山、猫仔头、猪仔岭、牛凹山、狼脊屯、象鼻崩山、瑞子塘(睡狮塘)等;因当地某一动物较多或有特色而命名的,如飞鼠岩(飞鼠为国家珍稀动物)、贡鱼涝、鱼膳涝、鲤鱼井、丰鱼岩、虾公塘、蟆塘、螺蛳寨、水母岩、天鹅坪、大鸟塘、燕子窝、野鸡冲、斑鸠冲、野猪冲、马鹿塘、水牛冲、鸭婆岩、鸡婆寨、飞鹅寨、蜜蜂田、黄虎擂等;还有的地名因当地某种动物给人们生活带来一定影响而得名,如蚂蟥江、蚂蟥塘、老鼠坳等。

四、漓江流域与地理方位、数字有关的地名

在漓江流域,一些地名反映了其所处的地理方位,这些地名中多含上、下、前、后、中、东、西、南、北之类的方位词。一些地名中含有数字,反映了多处地方的相对距离或者与数字有关的某些实际或虚化的含义。如桂林市区的桂东、桂西、漓东,临桂区保宁乡的西塘、北塘,甘棠村的桥头,灵川县三街镇的东街、南街、北街、西北街,潮田乡的上狮赖、中狮赖、下狮赖,灵川镇的上窑、下窑、窑尾,兴安县兴安镇的上畔塘、下畔塘,高尚镇的上流兰、中流兰、下流兰,界首镇"界首"二字意指此地是兴安与全州两县交界处,也是因地理方位而得名。

一些带有数字的地名反映了该地与市区的相对距离或与数字相关的指称。如临桂区六塘镇,因距桂林 60 华里,故名六塘。清朝名臣陈宏谋故里四塘镇,因距桂林 40 华里,故名四塘。五通镇,是临桂县北部集市贸易中心,因地理交通便利,能通向四面八方,故名"五通"。平乐县的二塘镇(旧时称兴隆塘),因距县城路段有两个池塘,故称二塘。另有溶江镇的七里圩,兴安镇的三里陡,界首镇的百

里村都从地理上反映了村寨的大小。严关镇的五甲、六甲、九甲,湘漓镇的四棚、三棚、二棚,二排、三排、八排、五七排,也一定程度上反映了村寨的规模。

第二节 漓江流域与历史人文、生计方式等有关的地名

一、漓江流域与民族、人口、资源有关的地名

漓江流域自古以来是一个多民族居住区,在世居少数民族中,壮族、侗族、毛南族、仫佬族、水族是土生土长的民族,瑶族、苗族、回族、京族、彝族、仡佬族是在不同的历史时期陆续迁入的民族。各民族的形成和发展都经历了一个漫长的历史时期。漓江流域少数民族乡多以民族来命名,如临桂区的宛田瑶族乡,是区内瑶族人口最多的乡;灵川县有兰田瑶族乡,平乐县有大发瑶族乡。兴安县的华江瑶族乡,北与资源、龙胜各族自治县接界,因境内有华江河而定名。雁山区的草坪回族乡,是广西壮族自治区唯一的回族乡。

另外以某一家族世居于此或集体迁入而命名的地方也非常多,如兴安县湘漓镇的唐家屋场,艳林村的杨家屋场、方家屋场,界首镇的苏家村、文家湾、邹家、廖家、伍家、郭家、金家冲,和平村的唐家、陈家、谌家、杨家,宝峰村的周家、罗家、刘家、李家等,反映了迁居或聚居的历史。

二、漓江流域反映历史文化的地名

漓江流域有灿烂悠久的历史文化，早在3万年前的旧石器时代晚期，就有远古先民在此劳作生息。远古时代的人类祖先，为我们留下了很多珍贵的历史文化遗产，也留下了很多神话传说。如平乐县的龙头闸口便是以遗址命名，龙塘闸新石器时期遗址位于大扒瑶族乡四冲村北面约1.5公里的龙头闸口，遗址的东南方和西北方各有一条小河，石器遗物分布在这两条河汇合处南岸的台地上。

桂林市象山区甑皮岩路因甑皮岩遗址而得名。甑皮岩遗址位于桂林独山西南山脚，是新石器时代桂林先民的一处居址和墓地。平乐县的二塘镇马家村公所七堆自然村，因东南面的岭坡上可见封土堆7座，即七堆古墓群而得名。兴安县的严关乡以境内有古严关而得名，古严关处于严关乡仙桥村狮子山与凤凰山峡谷之间，为古时楚粤之咽喉，地势险峻。

有一些地名与当地流传的神话传说和民间故事有关，如雁山区会仙乡，位于桂林市西南面，是国民党桂系首脑之一白崇禧故里。"会仙"之名据《岭外代答》载，"旧有群仙于此，辎辖羽驾，编于碧空，竟日而去，里人聚观壮闻，因名会仙里"。兴安县严关乡的上马石村，村内有一块高八尺、长一丈、宽五尺的石头，据说是杨八姐被困古严关时的上马石，遂名上马石。兴安县莫川乡状元峰下的邓家村、破肚源和竹林脚，都与流传的邓丞相看不惯皇上和官员们荒淫无耻的生活被迫造反有关。

另一些地名也反映了历史变迁的痕迹，如平乐县的桥亭乡因旧时以该地建有一桥，桥上有亭故名；阳安乡原名羊眼寨，清光绪元年

（1875年）建成乐安街后,以新旧地名各取一字(音)定名。源头镇的红卫街、跃进街、东风街、解放街;灵川县三街镇的光明街、民主街、解放街、建设街、东方街,这些都一定程度上反映了国家变革的历史。

三、漓江流域与生计方式、生活态度有关的地名

农业是漓江流域人们的传统产业,长久以来以稻作为主,兼种桑、麻、竹、柑等经济作物。反映这一传统农业生产方式的地名中多有"田""纳""利"和"竹""麻"等字。唐代,桂林手工业已是一个重要的经济门类,商业日渐繁荣,周围出现较大的圩镇,"赶圩"也成为一种重要的生活方式。如漓江北岸的大圩镇,汉代已形成小居民点,北宋时已是商业繁华集镇,明代为广西四大古镇之一。还有灵川县的公平圩、潭下圩、九屋圩和其他一些圩镇等,依然在固定的圩日起着物品集散交流的功能。

另外渔业也是漓江流域人们传统的生产方式之一,阳朔镇的渔业队、湘漓镇的打鱼村、渔江村都反映了渔业在人们生活中的重要影响。桂林市区内瓦窑路的得名也与窑内烧瓦行业有关。在几十年前,瓦窑路上还能看到一座烧瓦的窑子。以前瓦窑村的村民就是以烧窑制瓦为生。

地名中还寄托着人们对美好生活的向往,如兴安县,太平兴国二年(977年)时改"全义县"为兴安县,取"兴旺安定"之意。另外一些地名如定安、富合、仁义、温良、安定、保合等,无不表达了人们在地名中寄予的美好愿望。

第四章　漓江流域的水利工程与生态文化

第一节　漓江流域的人工水利工程

一、灵渠

　　灵渠,位于桂林市兴安县县城一带,属漓江发源地片区,全长34公里。研究认为,灵渠建成于公元前214年。灵渠的建成连接了湘江和漓江,沟通了长江和珠江两大水系。灵渠工程中的大小天平建于湘江上的拦河滚水坝,呈"人"字形设计,可抵抗水流冲击,起到分引水流作用。汛期洪水从坝面泄入湘江故道,平时拦截河水入渠。灵渠工程中的铧嘴指的是大小天平交界处,三面为石堤,一面连接大小天平,把湘水分割,三分入漓,七分入湘,即"湘漓分派"。[①] 灵渠通过对流水的分流,起到了调节的作用,塑造了生态环境的不同格局。

二、桂柳古运河

　　桂柳运河,又称相思埭、南陡河或南渠[②],位于广西桂林市临桂

---

①庞铁坚.漓江[M].广州:广东人民出版社,2010:78.
②与位于兴安的灵渠一起被称为姊妹运河。

区境内的良丰至大湾之间,全长约 16 公里。有学者认为,桂柳运河开凿于武周长寿元年(692 年)。刘小花认为,清政府为加强西南边疆的统治,对桂柳运河进行了大规模的维修,文献所记载的至少有 6 次。政府对运河管理逐步实现了制度化,每年工食银和运河岁修银的稳定投入,使得运河维护有了制度和资金双重保障,桂柳运河也由此达到了历史上的全盛时期。

桂柳运河的开凿沟通了漓江与柳江两大水系,从而纵向沟通了长江流域之湘江水系、珠江流域之西江水系及沿海水系两大联系,这在古代实际上成了陆上丝绸之路与海上丝绸之路的重要连接点。

研究认为,桂柳运河流经的临桂县,明代只有圩市 9 处,到了清代前期则增至 29 处,主要有六塘圩、两江圩、宛田圩等。位于今雁山镇的良丰圩吸引了各地商人前来贸易,以湖南、江西、广东籍商人为多,并各自建有会馆。江西会馆(现已毁)位于万安码头旁,距离码头不过 30 米。湖南会馆(现已毁)位于良丰街关帝庙旁。如今桂柳运河已经逐渐退出了历史的舞台,甚至已经鲜为人知了。

在“一带一路”倡议的背景下,桂柳运河作为地域特色资源将得到重视和开发,政府应充分发挥主导作用,并引入民间力量对运河进行全面整治、科学规划,采取“以运河养运河”的策略,努力打造可持续发展的运河经济带。①

---

①刘小花.桂柳运河系统的形成与区域经济发展[J].桂林师范高等专科学校学报,2015(4).

第二节　漓江流域的生态人文聚落

一、桂林山水中的廉政文化

　　黄伟林认为,桂林的自然山川形胜与桂林的清廉文化有内在的同构关系,桂林历代山水文学中渗透着清廉精神,桂林历代文人学者留下了成体系的清廉思想学说,还出现了全国有影响力的廉政思想家、清官村、清官世家等。[①]

　　他认为中国古代有一种"比德"的审美伦理学,认为人和自然有一种道德的同构关系。儒家传统文化中关于山水与人的道德品格内在关系的思想影响了国人的山水观。黄伟林认为,桂林山水与其他地区的山水最大的不同是漓江岩溶峰林地貌。桂林的山相对独立,平地拔起;漓江,强调的是桂林的水清澈、清洁。桂林山水融为一体象征着桂林水的清洁与山的正直相连,不可分离,即"清/正"的须臾不可分离。因而黄伟林认为桂林山水的本质是清正,与象征君子之德的"莲"形成了清正廉洁的文化内涵。[②] 这体现在独秀峰位居城市中心,不偏不倚、凛然正直;体现在颜延之等历代文人对独秀峰的描述中:"孤峰不与众山俦,直入青云势未休";"南天撑一柱,其上有青云";"青山尚且直入弦,人生孤立何伤焉";"爱此青青独秀峰,天开一朵玉芙蓉";"漓江下瞰净如练,水底倒插青芙蓉"。

----

①黄伟林.漓水青莲——桂林古代养正文化巡览.桂林:广西师范大学出版社,2012:6.
②黄伟林.漓水青莲——桂林古代养正文化巡览.桂林:广西师范大学出版社,2012:6.

周敦颐被认为是新儒学的创立者,据周氏后人的家谱记载,他出生于广西贺州,有后人定居于桂林灵川县江头村。黄伟林认为周敦颐在《爱莲说》中,专门为人设计了一个"淤泥"式的社会关系,君子必须像莲一样,"出淤泥而不染"。周敦颐的《爱莲说》使得莲成了中国传统文化中清廉品质的象征,桂林山水作为"山水青莲"的自然形象,才能被赋予"清廉世界"的人文内涵。

二、生态文化视角下的桂林美食与桂林米粉

(一)生态文化视角下的桂林美食

甑皮岩遗址中体现了桂林先民的饮食文化。甑皮岩文化距今约9000—12000年。甑皮岩第一期遗址距今11000—12000年,当时的人们已经有凤尾蕨类的根、茎和嫩叶可供食用,还有豆科和禾苗科类植物可供选择。甑皮岩三期距今10000—9000年,先民已经食用具有消肿解毒、治感冒发热功效的青蓝草、琴叶等。1978年考古发现,甑皮岩遗址的水陆生动物群种繁多,有野生动物,也有人工饲养的家猪,有狩猎对象如梅花鹿等。

先秦时期,古桂林属于古越人范畴,出现了人工水稻,饲养了猪、犬,吃狗肉之风已盛行,主食稻米。其中,桂林菠萝鱼被研究者认定为一新种,是连通漓江的洞穴特有的珍稀鱼类之一。如今阳朔以自产的漓江鲤鱼烹饪制作"啤酒鱼",古今结合,成为招牌菜。如今,菠萝鱼似乎灭绝了,而漓江里又有一种"雪鲫"。

公元前214年,秦始皇设桂林郡,为了运粮和运兵,公元前219年秦始皇开凿灵渠,这对桂林的饮食文化冲击较大,促进了桂林饮

食文化与中原乃至北方饮食文化的密切交流。北方作物麦、粱、黍等传入桂林；大量湖湘人来到桂林，他们极喜欢辛辣，这也符合气候寒冷的桂林；粽子也传入桂林。

南朝时期江浙菜肴的清蒸系列传入桂林，唐代时中原面食传入桂林。宋元时期川味、广味次第传入，这些在诸多摩崖石刻和古诗词中得以验证。有研究认为，桂林的第一个回族人是伯笃鲁丁，他于公元 1337 年担任广西廉访副使。至今的白姓人家被认为是其后裔。油香、油堆等大约从元朝后期传入桂林。公元 1370 年，朱元璋首封嫡孙朱守谦为靖江王，其后延续了 280 多年，桂林本土饮食文化得以发展。此时，安徽菜得到重视和发展。朱元璋以南京为首都后，江苏菜的做法传到了桂林，如白煮鹅；狮子头传入桂林后变成四喜丸子。此时的桂菜以湘菜为主，混合了川菜、粤菜、江浙菜、江西菜的风味。清代桂林饮食文化在此基础上吸收了壮、回、瑶、苗、侗等少数民族的特色饮食文化。

桂林也发展出了自己的饮食民俗。如桂林有"七十不留宿，八十不留餐"的规矩。灵川的古村还约定了客人应当不过饱、不宜醉、不詈骂、不纠葛的条款；主人不强酒、不虚为、不偏私、不冷待等要求。① 桂菜的命名还包含祝福，如"三元及第"是混合牛肉丸、鱼丸、虾丸的羹；"子孙百代"是莲子、海参、百合、带子（海带）所熬制的羹。

酒被认为是桂菜的第一饮品，其中最有名的是三花酒。三花酒是米香型小曲白酒，古称瑞露，原料为优质大米，采用当地香菊草②

①朱方枫.桂林饮食文化[M].桂林：广西师范大学出版社,2015:28.
②也有人说是香兰草。

制成传统酒药"小曲"为糖化发酵剂,用清澈的漓江上游之水为酿造用水,用大陶瓮装盛,密封后放入岩洞,存储至少2年后再精心勾兑而成。宋人范成大在《桂海虞衡志》中就记录有"瑞露"。桂林三花酒之所以取名三花,是因为酒坊采用三次回锅蒸酒工艺。酒的度数达到55°以上,摇晃后泛起完整酒花。桂林三花酒是摇晃后泛起三层酒花才逐渐散去,所以又称为"堆三花"。

桂菜的食材是由本地的地貌和气候决定的。但是其中一些曾经被列入菜单的动物现在被列入保护范围,如娃娃鱼、穿山甲等禁止捕食。此外,麻雀、猫头鹰、天鹅、大雁等野生动物亦不能食。

(二)桂林米粉

一方水土养一方人。桂林米粉是南北饮食文化融合的结晶,也因桂林好山好水而得以流传。关于桂林米粉的起源,众说纷纭,莫衷一是。民间广为流传的说法认为,桂林米粉产生于秦朝。秦始皇为统一中国,发兵岭南,大批将士水土不服。尤其是灵渠开凿过程持续好几年,许多北方将士不习惯南方饮食,患病者较多。为此,有人将大米磨成粉或浆,加工成像北方面条一样的食品,就成了后来的桂林米粉。① 这样的推断至今没有从文献中找到证据,但桂林米粉确是中原文化与岭南文化交融的典型代表。《灵川县志》民国十八年版点校本《物产总论》中罗列物产时写道:"面条一、二、三、四区能制,米粉各区皆有……"②说明米粉成了当时生活不可缺少的

①蒋延瑜.米粉起源小考[A]//张迪.桂林米粉[C].桂林:广西师范大学出版社,2012:64.
②岳启海.《灵川县志》关于米粉的记载[A]//张迪.桂林米粉[C].桂林:广西师范大学出版社,2012:70.

食品。

　　著名作家白先勇说:"我回到桂林,三餐都到处去找米粉吃,一吃三四碗,那是乡愁引起原始性的饥渴,填不饱的。我在《花桥荣记》里写了不少有关桂林米粉的掌故,大概也是'画饼充饥'吧。外面的人都称赞云南的'过桥米线',那是说外行话,大概他们都没尝过正宗桂林米粉。"[①]因为缺乏文献佐证,我们无从考证桂林米粉的起源。但可以从生态文化的角度看桂林米粉:一是桂林米粉是为适应地方生态环境,融合南越文化和中原文化的产物;二是米粉制作中放入的生姜、桂皮、豆豉、白芷等是祛风驱寒的中药,放入的草果是芳香化湿的中药,青皮、木香、山楂能理气消积,丁香、大小茴香、胡椒能温中,党参、甘草能补益。[②] 这些配料熬制的卤汁就是一种药膳。[③]

三、漓江流域的生态聚落

(一)兴坪渔村

　　兴坪渔村位于漓江西岸,三面环水,一面青山,已有 500 多年历史。渔村的传统民居多为明清年间建造,青砖黑瓦,坡屋面,马头墙,具有中国明清时期桂北民居的典型特色,多为三进三开,户户雕梁画栋,门窗多为木质雕花。村里的居民多以捕鱼为生,竹筏、渔网、鸬鹚是他们的主要工具。据说 1921 年孙中山先生北伐经过阳朔时曾

---

①白先勇.少小离家老大回:我的寻根记[A]//张迪.桂林米粉[C].桂林:广西师范大学出版社,2012:16.

②吴海星.从古代桂林米粉的起源和制作工艺考证世界米粉的发源地[A]//张迪.桂林米粉[C].桂林:广西师范大学出版社,2012:72.

③姚古.关于米粉的起源[A]//张迪.桂林米粉[C].桂林:广西师范大学出版社,2012:82.

上岸慰问村民。1998年美国总统克林顿访问桂林时也造访过兴坪渔村。①

(二)历史名人眼中的雁山园与桂林山水

雁山园,位于今桂林市雁山区雁山镇,原名雁山别墅,学者多认为是清代临桂大冈埠村人唐岳所建。清光绪末年归广西西林人岑春煊。1929年,岑春煊将雁山园捐赠给广西省政府,为纪念岑氏,雁山园曾更名西林公园,又更名良丰花园、雁山公园。②

建筑家莫伯治曾指出:"桂林的雁山园,是岭南庭院中的山庄佳构。"由此可见出桂林山水之山奇、洞奇和水奇对园林的影响。曾任中华民国国民政府委员会主席的林森在雁山园内题词"山明水秀"。

1932年,广西省立师范专科学校(今广西师范大学前身)在雁山园办学。在校长杨东莼的指导下,广西省立师专师生开展了广西农村经济调查,形成《广西农村经济调查报告》,后出版为《广西农村经济》一书③。1935年1月23日下午,胡适先生到广西师专演讲,游览雁山园后作诗曰:"相思江上相思岩,相思岩下相思豆。三年结子不嫌迟,一夜相思叫人瘦。"④

1938年12月4日,郭沫若先生受当时广西大学校长白鹏飞的

①庞铁坚.漓江[M].广州:广东人民出版社,2010:78.

②林京海.雁山园记.莫连旺.见雁山园.桂林市雁山区文史资料(第1辑),政协桂林市雁山区委员会,2016:2.关于雁山园的来历、使用或捐赠过程等,学术界有较多的争议,详见政协桂林市雁山区委员会编辑的《雁山园》文史资料。

③后被划入《解放前的中国农村》一书进行出版。

④广西师范大学校史叙事研究丛书编辑委员会.广西省立师范专科学校办学概述[A].莫连旺.雁山园.桂林市雁山区文史资料第一辑,政协桂林市雁山区委员会,2016:45.

邀请到雁山园为师生演讲。郭沫若发表了题为"战时教育"的演讲。12月18日下午,郭沫若等人还乘坐只有两只篷的木船从桂林码头出发去畅游漓江。[①] 1938年李四光从庐山迁到雁山园居住。他和同来的同事在雁山村旁第四纪冰碛和冰水沉积物中找到了一块长近一寸、弯曲成九十度的砾石。李四光特制了小木盒、垫上棉花来装砾石,还写了一篇论文《一个弯曲的砾石》于1946年发表在英国的《自然》杂志上。[②] 1956年著名的历史学家顾颉刚先生游览雁山园后认为雁山园是中国不可多得的园林。[③]

---

① 何开粹.郭沫若到广西大学演讲.见莫连旺.雁山园.桂林市雁山区文史资料(第1辑),政协桂林市雁山区委员会,2016:177.

② 据说此块砾石目前存于北京李四光纪念馆中。

③ 陈雄章.岭南第一园.见莫连旺.雁山园.桂林市雁山区文史资料(第1辑),政协桂林市雁山区委员会,2016:15.

第三篇

1912 年至 1978 年的漓江和漓江保护

第五章　1912年至1949年的漓江和漓江治理

第一节　旧桂系"花多果少"的漓江治理

清王朝腐朽懦弱,帝国主义不断侵略扩张,人民处于水深火热之中。1911年辛亥革命爆发,一些爱国的知识分子开始进行救亡图存的爱国运动。辛亥革命推翻了中国长达两千年的君主专制制度。它在政治上、思想上给中国人民带来了不可低估的解放作用,使得民主共和的观念深入人心。反帝反封建斗争,以辛亥革命为新的起点,更加深入、更加大规模地开展起来。

漓江沿岸的人们受到辛亥革命的鼓舞,也在为争取民主共和,进行着反帝反封建的斗争。旧桂系和新桂系先后登上历史舞台,成为管理、建设漓江的领导力量,并在漓江两岸留下了自己的治理印记。

一、旧桂系对漓江的治理

1911年11月7日,广西成立军政府。次年2月,陆荣廷就任广西都督职,开始了旧桂系在广西的统治。从1912年至1925年,旧桂系对漓江的治理主要体现在以下几个方面：

（一）旧桂系对漓江自然灾害的治理

陆荣廷当政时期，社会生活处于较为活跃时期，也是社会比较动荡的时期。自然灾害年年有，尤其是陆荣廷当政的前几年频繁地出现天灾人祸。在北洋政府《政府公报》上有这样的记录："1913年6月，广西漓江、郁江各属淫雨连绵，江水泛滥，临桂、灵川、龙胜、全州、永福、苍梧、贺县、恭城等县田禾荡没，废舍为墟，遍地鸿嗷。"[1]面对如此严重的自然灾害，陆荣廷不得不采取相应的措施来缓解自然灾害对人民生活、社会发展带来的危害，进而更好地维护其统治。

为了妥善处理水灾对人民带来的损害从而巩固其在广西的统治地位，陆荣廷想尽办法增加财力，使得受灾地区能够得到及时补救。如向中央政府求得拨款、增加附加税、对受灾地区减少赋税等。与此同时，陆荣廷还想到了对于灾害应该防患于未然。于是他想到了用植树的方法来治理水土流失，1913年，陆荣廷设立实业科，推行植树造林等实业事务。1914年，广西开始给各县发放官荒，每县数千亩或数万亩不等。各县组织绅商民众积极垦荒生产。[2] 这一时期，广西的植被覆盖率大增，既绿化了环境，同时还起到了蓄水的作用。在水灾来临之时可以减少损失。

当时，漓江干支流河道中泥沙淤积也是造成水灾的一大因素。泥沙的堆积，致使行船不便。一旦持续下雨，河道不通，泥沙淤积，水位不断上涨，就会水灾横行，破坏人们生活。于是，旧桂系当局决定

---

①《临时大总统令》.北洋《政府公报》.中华民国二年6月18日，第401号，"命令"。

②唐凌.陆荣廷统治时期广西的水灾及其救灾防灾措施[J].广西民族研究,1999(3):78.

对漓江的河道进行疏理,保障漓江两岸百姓生命财产安全。这对于漓江水灾泛滥的治理,起到了重要的作用,旧桂系也因此受到了当时的中央政府的肯定。

(二)旧桂系对漓江交通的治理

广西的水路交通以南宁为中心,上溯左江至龙州,溯右江至百色,下沿郁江浔江到梧州,另转由桂平溯柳江至柳州,由梧州溯抚河(桂江)至平乐,都有小汽船(又叫作电船)行驶。然而那些是商人自行集资筹办的,船只不多,所以开行日期的连续性无法保证。广西的水道分布颇广,可以利用它来做发展交通事业的基础。可惜旧桂系当局不加重视,放任自流,而对于航务的组织、河道疏浚,都视其为当地百姓的事,与己无关。[①] 在原有的开发利用上,旧桂系对河道、水道处于一种不重视和不管理状态,使得这一时期的漓江航运、水运交通在一定程度上属于一种自发状态。而旧桂系对于漓江的开发、治理和保护更是寥寥。

水利事业的发展也促进着交通业的发展,水利设施既可用来灌溉农田,还可以促进河道的航运业发展。旧桂系当政时期曾鼓励人们兴修水利,如此则农田得到灌溉,航运业得到发展,还有利于抗灾排洪。旧桂系时期,对此出台过相应的政策。1915 年,广西省政府出台《农业奖励章程》,规定凡积极兴修水利者,分别给予金质、银质

---

①中国人民政治协商会议广西壮族自治区委员会文史资料委员会编.老桂系纪实[M].南宁:广西人民出版社,2003:129—130.

奖章,各县对此要进行调查了解,发现有人合乎章程,立即推荐给奖。[①] 这一政策的出台,也促进了漓江水利交通事业的发展。

(三)旧桂系对漓江领域商业经济的治理

古代桂林商业经济发展一般都是依靠水运,沿河发展商业贸易。桂林拥有优越的水运交通地理条件,其位于湘桂走廊的南段,扼粤西咽喉,沿漓江,入湘江,可北上中原;沿漓江,汇西江,入珠江,可直抵广州,为水路交通枢纽,是沟通岭南与中原的要冲。[②] 古代桂林的商业都是依靠漓江的运输功能,进行贸易往来,由此可以推知,漓江的水运能力较强,能够进行大宗货物的贸易,在对桂林城市规划的同时也应致力于开发漓江,促进商贸发展。旧桂系在桂当政时期,土匪颇多,影响商业经济的发展。陆荣廷命令剿匪,剿匪行动保证了商船的顺利往来,使得广西地区的商贸活动能够顺利进行,外省和外国商人、企业家能够在广西投资经营。[③] 也为广西带来了相对安定的发展环境。

二、旧桂系对漓江治理的结果

秦代,秦始皇为南攻百越,开凿灵渠以运送物资。灵渠的开凿,把长江水系和珠江水系连接起来。作为连接两大水系的漓江,在古代一直以来都是广西重要的航道,是岭南地区沟通中原地区的交通

①唐凌.陆荣廷统治时期广西的水灾及其救灾防灾措施[J].广西民族研究,1999(3):78.又见《广西巡按使张鸣岐呈遵令巡行各县事竣回署谨将考察情形都陈钧鉴文并批令》,北洋《政府公报》,1915年8月6号,第1168号,"呈"。

②邓春凤.桂林城市结构形态演化研究[D].苏州:苏州科技学院,2008:24.

③廖建夏.试析陆荣廷治桂时期的广西商业贸易[J].广西地方志,2013(6).

要道,航运业发达兴盛。唐朝时,李靖镇守桂林,在桂林建城郭,城池位于漓江西岸。漓江两岸,商贾集聚,商业不断发展,据记载,有"南行北旅,皆集于此"的繁华港埠。由于漓江沿线水路交通便利,到宋朝时漓江的水运盐业相当发达,漓江西岸有一条小街,因居住者大多是盐商,也由此被称为盐街。明清时期,因为统治者实行严厉的海禁政策,导致海运业走向衰落,内河航运业日渐兴盛,作为沟通两广地区与湖南地区枢纽的漓江,更是迎来黄金时期。在明代,桂林是广西的首郡,是全国 33 座重要城市之一,是岭南地区的交通枢纽,中原各省的货物也源源不断地从湘江入灵渠,再从灵渠进漓江到达桂林,转销岭南各地,因此,漓江附近的商业相当发达,东江街"村落棋布,商贾辐辏如鳞,郡治百竹需,多半取给"。[1] 清代更是在桂林设炉铸钱,大批铸钱原材料从全国各个产地运往桂林,促进了漓江水运的发展。

因为旧桂系对交通行业并不重视,故在旧桂系统治时期,对漓江航道的治理也大多采取放任自流的态度。1840 年鸦片战争后,中国沦为半殖民地半封建社会,在这期间,外国商品大批涌入中国,中国廉价的原材料也源源不断流出,随着外国商品涌入的,还有外国先进的交通工具。1851 年之后,西方的电船、汽船及拖渡已经进入我国,而漓江因为航道的原因,直至光绪年间,电船也未能开进桂林。交通工具的落后,也导致这段时期的漓江航运业与其他地方相比并不发达,甚至显得落后。《东方杂志》曾描述桂林航运业的落后情况:"……惟桂林河道,河石崎岖,轮船碍难通行。"1915 年,广西省政

---

[1]黄家城主编.桂林市交通志[M].南宁:广西人民出版社,2004:425.

府派出工程队整治桂江，疏炸险滩 35 处①；并在桂林、兴安设立气象所，测量雨量。直至此时，桂林才首次引进电船。然而，因为当时政府的不作为，漓江航道上的电船依旧稀少，根据《桂林市交通志》提供的数据："行走梧州——桂林航线的轮船仅 2 艘，就算 4 艘走广西内河航线的轮船也不时行走桂梧线，来桂林的电船也是非常之少。"②所以，在电船、汽船开始普及的年代，木质帆船在当时仍是漓江航运业的主要运输工具，与其他地区的航运业相比，漓江的航运业无疑是落后的。这种规模小、运载量小的落后运输工具，也致使漓江航运业难以得到长足的发展。

三、漓江边上的八桂厅

宋代的时候，人们在漓江边上修建了桂林历史上最早的高级宾馆——八桂堂。受此启发，旧桂系统治时期，人们在桂东路(今解放东路南侧)修建了八桂厅，并同样在厅前种植有八株茂盛的桂花树，以此作为陆荣廷的住处。

1922 年 1 月，蒋介石应孙中山之召第一次到桂林，就下榻八桂厅。他在日记中对八桂厅极尽赞美之词："是晚居入旧藩署八桂厅，绝境清幽，园林亭树，到眼成趣。"他还专门在八桂厅前留影，并寄给远在苏联的蒋经国，在给蒋经国的信中盛赞"住所之佳，八桂厅之美"。1938 年 12 月 1 日，蒋介石到桂林，重温旧梦，又一次下榻八桂厅。

---

①广西航运志编纂委员会编.广西航运志[M].南宁:广西人民出版社,1994:54.
②黄家城主编.桂林市交通志[M].南宁:广西人民出版社,2004:426.

其时,日军侦悉蒋介石到桂林的消息,于 12 月 2 日上午对桂林实施了大轰炸。幸好蒋介石当天去兴安灵渠观光,避开了这场专门针对他的大轰炸。敌机走后,白崇禧为蒋介石的安全计,建议他搬到别处居住,但是,蒋对八桂厅情有独钟,不愿迁居,白崇禧只好叫人修筑一个临时防空掩蔽体,以备紧急时使用。新桂系时代,这里是李宗仁的官邸。1937 年 10 月 9 日,即李宗仁离桂北上抗日的前一天,广西建设研究会在八桂厅召开成立大会,李宗仁致辞,指出:"本会负责研究的范围,只限于政治、经济、文化三个部门,而在这三个部门中我们所尤应注意的是文化建设。因为文化为一切建设之母。而我们的国家又是有名的文化古国,我们有五千余年的光华灿烂的建国历史,即充分证明我们的文化的妥当性,所以我们必须把我们的固有文化发扬光大,以使我们民族的自信力提高,而后我们民族的复兴才有达成的希望。"

广西建设研究会为桂林文化城吸纳了一大批文化精英。广西建设研究会由李宗仁任会长,白崇禧、黄旭初任副会长,李任仁、陈劭先、朱佛定、黄同仇、韦永成为常务委员,下设政治、经济和文化三部,皆聘有研究员,其中不少人兼两部研究员。成立之始,聘定三部研究员共 56 人,至 1938 年底增至 145 人,1939 年 9 月达 203 人,最多时达到 300 余人。研究员"或为省府总部现任高级官长,或在省党部、省府、总部、省银行等机关任职,或在广西大学任教授职务,或为中央与各省迁桂之机关学校高级职员及教授,余为专家学者。仍以在本省党政军机关任顾问参议咨询者为多"。当时闻名于广西和全国的许多学者专家如白鹏飞、张君劢、邱昌渭、黄季陆、雷殷、黄蓟、马君武、黄钟岳、苏希洵、邓家彦、黄景柏、张映南、邓初民、陈豹隐、盛成、胡愈之、张志让、千家驹、李达、李四光、陶孟和、李运华、张先辰、刘介、唐现之、雷沛鸿、苏国夫、谭辅之、黄现璠、杨东莼、任中敏、吴伯超、张铁生、欧阳予倩、夏衍、范长江、林砺儒、邵荃麟、宋云彬、莫乃群皆为研究员。

这些才学兼具的人物，风云际会，当时新桂系的许多政令实际上都出自广西建设研究会。后来由于日寇侵桂，广西建设研究会的全体研究员避难各地，研究会实际已经解体。

以陆荣廷为代表的旧桂系在治理广西期间出台了一些政策，但旧桂系势力主要人物大多出身于封建官僚，由于其自身的政治经济认知水平较低，对广西及漓江的治理，大多是出自稳定后方的需要，并没有长远的发展计划和目标，所制定的多项政策，虽得到了一定的实施，但是也因为当权者的腐败导致虎头蛇尾。正如孙中山所说："以广西全省为陆荣廷个人之私产。广西政权被陆荣廷一群盗党所掠夺，一切利益为盗党所独享，通都大邑皆有陆荣廷之巨宅。"1920年，第一次粤桂战争爆发。1921年6月，桂军失败，陆荣廷被迫下野。同年6月，第二次粤桂战争爆发，粤军攻入广西，旧桂系政权被摧毁。1924年初，陆荣廷与同为旧桂系主要人物的沈鸿英发生激战，李宗仁趁机发兵攻打陆荣廷，将陆荣廷势力消灭。次年，李宗仁消灭沈鸿英的势力，统一广西，广西进入新桂系时代。

第二节　孙中山与漓江治理

一、孙中山提出治理西江计划

1907—1909 年间,孙中山等资产阶级民主革命家,经常来广西进行革命活动,在广西的这段时间内,孙中山先生着重观察当地的内河交通运输状况。孙中山在其《建国方略》中提到第三计划,其中改良广州水路系统中的第二项即为治理西江计划。其原文为:

> 为航行计划改良西江,吾将以其工程细分为四:
>
> 一、自三水至梧州。
>
> 二、自梧州至柳江口。
>
> 三、桂江(即西江之北支)由梧州起,溯流至桂林以上。
>
> 四、南支自浔州至南宁。
>
> ……
>
> 三、桂江(即西江之北支)由梧州起溯流至桂林以上。桂江较小较浅,而沿江水流又较速,故其改良,比之其他水流更觉困难。然而此实南方水路规划中,极有利益之案。因此江不特足供此富饶地区运输之目的而已也,又以供扬子江流域与西江流域载货来往孔道之用。此项改良,应自梧州分歧点起,以迄桂林,由此再溯流至兴安运河,顺流至湘江,因之以达长江。于此当建多数之堰及水闸,使船得升至分水界之运河;他方又须建

多数至堰闸,以便其降下。此建堰闸所须之费,非经详细调查,不能为预算也。然而吾有所确信者,此则计划为不亏本之计划也。①

此计划也可以反映出孙中山先生对于漓江的治理已经是胸有成竹,希望通过治理漓江的水运使得桂林漓江的航运事业可以持续健康地发展。同时也可以看出孙中山先生的务实精神。

桂江是西江的主要支流。自梧州起至桂林以上,航运条件与其他河流相比还是较为困难。然而,漓江两岸各河埠流域,物产丰富。同时,溯桂江,过灵渠,可沿湘江抵长江,是连接长江流域和珠江流域唯一的水道。因此,孙中山建议,"此项改造,应自梧州为分歧点起,以迄桂林。由此再溯流至兴安运河,顺流至湘江,因之以达长江……"1920年下半年,孙中山指挥护法军队推翻桂系军阀陆荣廷在广西的统治。次年夏,他又挥师从广州沿西江攻入广西。10月25日孙中山准备前往桂林北伐。当时,桂梧航线亦是北伐军的运输干线。孙中山下令成立船务管理机构,派兵保护运输,在桂期间,他注重发挥广西航运的作用。② 孙中山的这一计划虽然没有进行详细的治理,还是停留在纸上的计划,但是对于桂江的航运发展具有指导性意义。

①孙中山著,张小莉、申学锋评注.建国方略[M].北京:华夏出版社,2002:188,193.
②广西航运史编审委员会编.广西航运史[M].北京:人民交通出版社,1991:134—135.

二、孙中山北伐桂林途中

1921 年 5 月 5 日,孙中山在广州就职非常大总统后,便着手准备北伐。当时广西的陆荣廷、谭浩明投降北洋政府,取消自治。孙中山对于旧桂系的陆荣廷,认为其是绿林出身,讲义气,曾寄予很大的期望,想尽方法争取陆荣廷,却没有成功。相反,陆荣廷还作梗阻挠,最后孙中山不得不对其进行讨伐。

1921 年秋,孙中山打垮陆荣廷后,是年冬,以革命政府大总统兼海陆军大元帅名义移师桂林,准备亲率大军北伐。桂林各界人士听到这个消息,欣喜若狂。1921 年 10 月 15 日,孙中山由广州乘坐"宝璧"兵舰上驶,17 日到达梧州。宋庆龄、胡汉民、汪精卫均随行。到梧时驻西门内旧协台衙门(即今统战部地址)。地方机关团体先后开欢迎会。孙中山在初冬时候,还穿着白布制的服装,精神焕发。召集群众到大较场(即今体育场)开会。这天,孙中山先生因有微恙,仅向群众略致数语,他的演说词交由汪精卫代讲。演词内容着重在振兴实业,开发广西富源,听众大为感动。[①]

与孙中山从梧州同行的有廖仲恺、胡汉民、邓家彦、邓铿等国民党元老和副官张猛、警卫营长叶挺等人。1921 年 11 月 15 日下午 1 时,孙中山从梧州乘小火轮溯桂江北上行 60 里至倒水,次日晨改乘帆船,21 日抵昭平,22 日上午 11 时抵昭平县城。孙中山抵昭平时,时任昭平县长吴恭先率领各界代表、民主人士,在桂江马滩头列队

---

① 中国人民政治协商会议广西壮族自治区委员会编.广西文史资料选辑(第 1 辑)[Z].[出版者不详].1961:106—107.

迎接,各界人士代表和群众在码头沿街两旁列队恭候欢迎。在县府后大操场举行的昭平县各界欢迎大会上,孙中山作了题为"广西应开辟道路"的演说。在演说中,孙中山阐述了他对三民主义的理解,"诚以民国之国家,为全国民所公有。民国之政治,为国民所共理,民国之权利,为国民所共享,此方为真正之民国"。为了真正做到"使民国为国民所有,民国为国民所治,民国为国民所享",孙中山号召大家"群起而共负国民之责任"。在这次演讲中,孙中山还提及了广西交通的问题,从梧州到桂林,在当时只能沿着漓江溯江而上,"梧州至昭平,路程不过二百八十里,溯江而上须行几日,如有大路可行汽车,则仅数点钟足矣",孙中山深感广西交通不便,为了发展广西,开发广西,必须"全省开辟大路,推而及于全国,则交通便利,中国之富强可敌世界也。诸君之责甚大,须以修路为最急"。① 孙中山演讲时声若洪钟,情感真挚,深深地打动着听众。这次演讲达 3 小时之久,在场的听众无不情绪高涨,为孙中山的演说所激励。孙中山在昭平停留一晚之后,第二日早晨沿桂江继续向桂林方向进发。

　　1921 年 11 月 27 日中午,孙中山一行抵达平乐。平乐古城依水而建,是桂林与梧州之间的一个重要码头。现今平乐长滩的一座白庙前的碑刻上清晰地记载着这样一段话:"孙中山先生为兴师北伐出巡广西,下榻长滩,曾入庙观光,留下了伟人足迹"。

　　1921 年 11 月 29 日下午,船队沿漓江到达阳朔。在途经阳朔县留公村时,据当地人回忆,孙中山曾在此地码头短暂停留,为弘扬崇

---

　　①中山大学历史系孙中山研究室,广东省社会科学院历史研究所,中国社会科学院近代史研究所中华民国史研究室合编.孙中山全集(第 5 卷)[M].北京:中华书局,1985:632—633.

武弘文之道，振兴民族精神，还捐赠大洋，嘱咐村中长老在村中置钟一口。

阳朔的风光极好，孙中山在当天下午就在靠江边的阳朔小学向阳朔县的民众发表了题为"实行三民主义及开发阳朔富源方法"的演说。演说中也有提及关于建设广西交通的思想："然普及国民之知识与发展物质上之文明，全赖道路上之交通。中国最富之省，莫如广东及浙江，次则四川及湖南。广东有海洋之交通，江浙有江海之交通，四川有长江之交通，湖南有洞庭湖汇合湘江、沅江、资江三河流，交通亦极便利，所以物产能运出，财富能输入也。广西为中国最穷之省，而所藏之财富，较之他省为优。何以言穷？因无便利之交通，是以致此。本大总统此次北伐，道经阳朔，自梧州抵此，不过四百五十里，已行十六日。若有宽大马路之交通，则仅数日之程，并不费事。由此类推，全国皆然，则开发民智，发达财富，更非有道路之交通不为功。本大总统希望诸君首先开道路之交通，道路即开发财富之钥匙也。从此实行'三民主义'，完成此次北伐之功，开全国国民之知识，增长全国国民之财富，以建设一真正之民国。"①孙中山认为建设交通是实现兴国富民的重要方法之一，而对于广西，进行交通建设更是迫切需要。桂林从古至今都是广西的历史文化和经济重镇，而来往于桂林一直都是依靠水上交通，沿着漓江河道航行，但是漓

①中山大学历史系孙中山研究室，广东省社会科学院历史研究所，中国社会科学院近代史研究所中华民国史研究室合编.孙中山全集(第5卷)[M].北京:中华书局,1985:636—637.

江又多处有险滩。据记载,桂江自灵川至梧州有 300 余处险滩。[①]
由此可见,进行交通建设迫在眉睫,对漓江水道进行开发建设也不
容懈怠。后孙中山到达桂林之后,便组织人修建公路,且为桂林至
全州黄沙河的桂黄公路破土动工剪彩。这也更进一步地说明了桂
林漓江水路的交通状况确实堪忧,治理漓江水道迫在眉睫。

　　12 月 2 日晚,孙中山率同李烈钧等考察了位于雁山镇的雁山公
园(今雁山园),当时雁山公园被李烈钧查封充公,作为联军俱乐部。
滇军朱培德及各军旅长和官绅学界到雁山园参加欢迎大会。孙中
山先生发表演说,大意是"今日兴师北伐,最为机不可失"。[②]

三、孙中山眼中的漓江

　　1921 年 12 月 4 日,船队到达桂林柘木码头。孙中山一行下船、
乘轿,来到南溪山将军桥,又下轿步行,直向市中心王城。沿途欢迎
的市民打着旗帜,唱着欢迎孙大总统的歌曲,令孙中山感动不已。
孙中山桂林之行,还带来了大量的部队,他们也在来桂的途中,沿途
欣赏了桂林的美景。他们的到来使得桂林人口迅速增加,促进了商
贾的往来和货物运输,使得漓江的航运业得到难得的发展,由此也
说明漓江在当时仍然是货物运输的重要交通枢纽,漓江的水运能力
还算可观。

　　孙中山到达桂林后,在漓水的支流桃花江畔的丽泽门外蒋翊武

---

①钟文典主编.广西近代圩镇研究[M].桂林:广西师范大学出版社,1998:299.又见黄现璠等
主编.壮族通史[M].南宁:广西民族出版社,1989:402.

②长沙《大公报》1921 年 12 月 19 日《孙中山行营记事》中对此有记载。

就义处竖立纪念碑,并亲笔题写"开国元勋蒋翊武就义处",由国民党元老胡汉民撰写碑文。桂林人民深为蒋翊武的浩然正气所感动,将他就义之处的一条纵贯南北的道路命名为"翊武路"。① 孙中山到达半月后,宋庆龄由漓江水路到达桂林,孙中山赶往象鼻山的码头迎接。宋庆龄一到桂林,就与桂林最早的女同盟会成员靳永芳一起,着手组织成立了桂林市妇女联合会,这是中国成立最早的妇女团体之一。宋庆龄的到来,也使得孙中山的工作稍微放松,身心得到愉悦。② 在繁忙的工作之余,孙中山也抽出时间陪同宋庆龄游览了风景如画的漓江。桂林风景如画,山奇、水秀,市内的风景大多集中在漓江和漓江两岸附近,尤其是作为桂林的母亲河的漓江,更是清澈、干净,让人神清气爽。孙中山对于桂林的山水是热爱的,也为漓江岸边的景区留下不少事迹。孙中山夫妻二人畅游漓江山水时,都以普通群众的身份,并不讲究排场,出入游玩都和群众在一起。孙中山游览漓江岸边的七星岩时,完全是一身专业的旅游人士打扮,头戴松花大檐帽,身穿米黄色猎装,脚上是黄色短皮靴,手上拿着拐杖,身上背着可供登高远眺的望远镜,没有一丝民国大总统的装扮。在一次登独秀峰的途中,孙中山的卫士见山路太陡,劝其不要再往上攀登;但是孙中山游览的兴致正高,便笑着说没关系,用缓慢的步伐登完独秀峰。孙中山的亲民之举还体现在他与群众的相处上。有一次孙中山游玩漓江旁的象鼻山后,突然乘兴想去訾家洲一游,然而,这是孙中山临时起兴的想法,当局并没有安排好去訾家洲

---

①黄家城主编.漓江史事便览[M].桂林:漓江出版社,1999:60.

②庞铁坚著.推开桂林的门扉[M].桂林:广西师范大学出版社,2010:230.

的线路,而当时漓江上的渡船有很多百姓、游人,很是拥挤。卫士为孙中山的安全考虑,叫群众分开两边,让出一条水路来让孙中山一行通过。孙中山立即制止了卫士的做法,而乐于与普通游人挤在一起。据人回忆,孙中山在桂林期间还先后游览了孔明台、伏波山、叠彩山、象鼻山等漓江岸边的风景。① 在叠彩山的山门前,孙中山还非常高兴地和夫人宋庆龄合影作永久纪念。在畅游漓江期间,漓江如诗如画的景象,给孙中山留下了非常深刻的印象,日后他在给咸马里夫人的信函中曾回忆说:"人们形容说'桂林山水甲天下',的确很对。这里大多数的山都是由石灰石构成的,奇异石柱式的山峦重叠蜿蜒,如稍加想象,人们仿佛见到了人和动物的各种形象。"漓江的美丽,让孙中山对祖国河山的热爱更加深沉,也坚定了他北伐的信念,努力为资产阶级革命不断奋斗,为实现三民主义不懈奋斗。

在桂林期间,孙中山也进行了一系列的演讲,宣扬三民主义思想、治军思想和哲学思想等。在"知难行易"的讲演里驳斥了中国数千年来哲学上"知之匪艰,行之维艰"的传统观点。他启发人们改变"知而后行"的"坐而言"的旧观点,树立"行而后知"的"起而行"的革命实践观点。②

1921 年 12 月 23 日,孙中山会见了马林,在关于马克思主义问题上,孙中山和马林谁也没能说服谁,只得把话题转移到其他方面。在谈到如何团结一切力量进行革命时,孙中山和马林越谈越投机。

---

①任佩.民国时期广西旅游业的发展[D].桂林:广西师范大学,2013:28.

②中国人民政治协商会议广西壮族自治区委员会编.广西文史资料选辑(第 1 辑)[Z].1961:110.

马林对孙中山的大度非常钦佩，又对孙中山提出了一个建议，那就是不仅要有一个团结各阶层力量的以工农为主的政党，还要建立起一支革命的武装核心，为了建立好一支革命队伍，首先要办起一个革命的军官学校，用这样的学校来培养革命的骨干。[①]

1922 年 1 月 8 日，孙中山在桂林发表北伐文告，声讨北洋政府的代表人物徐世昌、梁世诒，作为北伐前的宣传鼓动。2 月 27 日，北伐军在南较场（今桂林陆军训练场所在地）举行誓师典礼。孙中山在誓词上发表演说："民国存亡，同胞祸福，革命成败，自身忧乐，在此一举。救国救民，为公为私，惟有奋斗，万众一心，有进无退。"3 月 21 日，孙中山的爱将邓铿在广州被陈炯明所害。面对严峻的形势，孙中山只好改变战略：先行班师回粤，处理陈炯明问题，再行北伐大计。4 月 4 日，由孙中山提议建设的桂全公路动工建设。虽然形势紧迫，孙中山还是从容地参加了筑路典礼。4 月 8 日，北伐大本营由桂迁粤。桂林的北伐筹备，就此落下帷幕。[②]

孙中山这一趟广西之旅，让他深感广西交通不便，他在桂林所作的演讲中，都曾涉及广西交通的问题。在孙中山开发广西的计划中，想要发展广西经济，必先修路。广西物产丰富，只因道路不通，造成广西积贫积弱的局面。在他的演讲中，修路，是开发广西的关键，是急需解决的问题。尽管广西的交通给孙中山带来诸多不便，但是对于桂林和漓江秀丽的风光，孙中山还是给以很高的评价。在 1922 年 2 月 11 日《致咸马里夫人函》中，孙中山曾提及这次广西之旅：

①李守鹏，汪鹏生，倪三好著.孙中山全传［M］.南昌：江西人民出版社,2001：383—384.

②庞铁坚著.推开桂林的门扉［M］.桂林：广西师范大学出版社,2010：233—234.

"我在去年十月十五日离开广州前来这里。从广州到桂林,虽然旅程只有五百英里,但我却整整乘了二十二天的游艇。幸运的是沿途景色宜人,才较多地补偿了这次旅行的冗长乏味。你是知道的,桂林从前是一座王城,最后一个汉人的统治者曾在这里住过,因此它富有历史的和传奇的意义;同时它又具有令人惊奇的自然景色,人们形容说'桂林山水甲天下',的确很对。这里大多数的山都是由石灰石构成的,奇异石柱式的山峦重叠蜿蜒,如稍加想象,人们仿佛见到了人和动物的各种形象。"①在这一段话中,可见漓江的风景给孙中山留下了深刻的印象。

第三节　马君武与漓江治理

　　马君武,原名马道凝,字厚山,后改名马同,号君武,是中国近代获得德国工学博士第一人,民国时期著名的政治活动家、教育家。大夏大学(今华东师范大学)、广西大学的创建人和首任校长。马君武出生于桂林恭城县,祖籍湖北蒲圻。1886年,5岁的马君武就随祖母居住在桂林义仓街,直到1900年,因桂林北门铁佛寺失火,火势蔓延至其家,家中的财物全都付之一炬,马君武只好与其母远赴广州。马君武在桂林居住了14年之久,漓江伴随着他的成长,培养了他。

---

①中山大学历史系孙中山研究室,广东省社会科学院历史研究所,中国社会科学院近代史研究所中华民国史研究室合编.孙中山全集(第6卷)[M].北京:中华书局,1985:85—86.

马君武对桂林,对漓江有深深的眷恋之情。1906年,马君武感时伤怀,眷念故乡,赋诗《七思》以抒自己内心的思乡之情。

一、马君武求学漓江畔

对于自己的早期求学经历,马君武曾经这样说道:"君武九岁失怙,赖慈母之教养,亲戚之扶助,继续读书。十二岁,从戴毓训先生学,好读历史古人(今)文集。十五岁,友况晴皋、龙伯纯,告以康有为读书法。是时居外祖陈允安家,藏书颇备,二年间略尽读之。十七岁,入体用学堂,从利文石先生学算。十九岁,值庚子之变,四海鼎沸,君武乃去桂林游南洋,归历粤沪。辛丑冬,游日本。自此以后,读中国书之时颇少矣。初至日本时,颇穷困,辄作文投诸报馆,以谋自给,故壬癸间作文最多。癸卯秋间,入日本西京大学,学工艺化学。丙午夏,返国,主教中国公学。时端方督两江,购捕颇急,从友人杨笃生之劝,复得高啸桐兄弟、岑云阶诸公之助,西游欧罗巴,学冶金于柏林工艺大学。辛亥冬间归国,值武汉革命军兴,随诸君子之后,东西奔驰。今事稍定,从友人之请,搜集旧所为诗文,刻为一卷,殆皆为壬癸间所作,十年前旧物也。自兹以后,方将利用所学,以图新民国工业,殆不复作文矣。"[①]

在桂林的生活,给马君武留下了深刻印象。1896年,马君武结识了康有为的学生况晴皋、龙伯纯,接触到了康有为的新学。1899年,广西体用学堂招生,马君武应考录取。在学堂里,马君武对当时

---

① 马君武著.文明国编.二十世纪名人自述系列:马君武自述[M].合肥:安徽文艺出版社,2013:23—24.

刚从西方传入的格致科学非常感兴趣,对维新派倡导的变法维新言论尤为推崇,在日记中常评论朝政得失,这事最终被学堂提调陈绥瑄获知,认为马君武犯上违法,决定严加处分。马君武与同学潜逃出堂,转赴香港,由香港到达新加坡拜见了当时维新失败的康有为,并执弟子礼。马君武在康有为的"勤王"号召下,返回桂林待机大举,然而在返桂途中,"勤王"的起义失败,马君武只好在桂林藏匿数月,直到1900年9月,桂林北门铁佛寺失火,大火把马君武的家付之一炬,马君武随其母赴广州,结束了其在桂林的求学生活。在以后的求学生活中,马君武经常思念桂林、思念漓江、思念桂林的一切。1906年,此时的马君武已离开桂林七年之久,眷念故乡的心,让马君武写下《七思》以抒情怀。其中第四首写道:"携手上河梁,游子去何之?北风吹漓水,渺渺归无期。送者皆高歌,斯人泪独滋。不是歌无词,悠悠此心悲。七年泛江海,消息无由知。但闻娶新妇,美胜阴家儿。芙蓉映朝阳,摘之欲遗谁?"漓江的水、漓江送别的人群、归期未定的游子和思念故乡的心,都在诗中体现得淋漓尽致,抒发出马君武思念故乡思念漓江的心情。

离开桂林后,1901年,马君武在东莞知县刘德恒的资助下,前往日本留学,在横滨大同学校认识了汤觉顿先生,经过汤觉顿先生的介绍,便认识了宫崎民藏,之后再经过宫崎民藏的介绍认识了孙中山先生。马君武在聆听完孙中山的革命言论后,对其甚为敬佩。他对人说:"康梁者,过去之人物也;孙公,则未来人物也。"从此,马君武追随孙中山,走上了民主革命道路。由改良主义者转变为革命民主主义者。1905年,孙中山由欧洲回到东京,成立同盟会。马君武、陈天华、黄兴三人共同起草了同盟会总章。当时同盟会的四个信条是：（一）驱除鞑虏，（二）恢复中华，（三）建立民国，（四）平均地权。孙中山先生对于马君武的才能欣赏有加，而马君武对于孙中山先生也是非常敬佩。他曾自述对孙中山先生的钦佩之处：勤于求知，孙中山虽奔走于革命，为救民救国四处奔波，但是稍有时间就会阅读各种书报，知识渊博；不记私仇，待人接物都是推心置腹；知人善任，用人无亲疏贵贱之分；富于理想；坚决实行，只要决定做的事就会坚决实行。1907 年，马君武、蒙经等创办《漓江潮》《独秀峰》《南风报》等报纸杂志，成为宣传革命的喉舌。[1] 在漓江之畔宣扬革命理念、传播新思想，促进漓江两岸革命思潮的发展，使得民主共和观念更加深入人心。漓江人民在绿水青山间吸收革命新思想。

1913 年，马君武远赴德国，入柏林大学研究院学习。经过四年的研读，马君武获得了柏林大学工学博士学位，是中国获得德国工学博士第一人。

二、马君武治理广西

（一）马君武与广西政治

1921 年 8 月，广东总统府特任马君武为广西省长兼摄军务，于省长公署设军政处。但是，当时入桂的粤军统率权由陈炯明一人掌管。他的军队嚣张跋扈，纪律散漫，孙中山先生对于此点，因无权力也无法整治。马君武虽担任省长兼摄军务，但是自己没有部队，无法处理粤军对广西造成的一些混乱局面。当时计划收编散军，以及

---

[1] 黄家城主编.漓江史事便览[M].桂林:漓江出版社,1999:59.

招抚绿林，作为实力，却在经济上犯难，也就一筹莫展。担任省长近10个月，对于广西政治并无较多成绩，于是在1922年5月向总统府辞去省长一职，之后前往上海。在这之前，他的朋友陆费逵曾对他说："你是文学家、工业家，我国应该做的事多得很，我主张本位救国，你的脾气，不宜作政治生活，何不去做本行的事业呢？"到沪后，他对陆费陆说："政治生活真是我所不能过的，悔不听你的话。此次，种种损失，种种危险，我都不在意。可惜数千册心爱的书籍和许多未刊行的诗文译稿，完全丢了，实在令我心痛。以后我再不从事政治生活了。"[①]

（二）马君武大兴教育

1927年春，统一了广西的李宗仁决定在广西办一所大学，与桂林渊源深厚的马君武自然受到邀请。马君武受邀后不但没有推辞，而且动身返回广西创办省立广西大学。广西大学校址选定在梧州桂江（漓江与恭城河汇合后称桂江）对岸的蝴蝶山。虽然蝴蝶山在当时仍属于荒山野岭，一切都得重新开始，然而马君武并没有觉得条件艰苦，他用实际行动，回报着漓江这一方水土的人民。9月，学校落成，当地政府举行了盛大的开学典礼，马君武也被聘为第一任校长。

在出任广西大学的首任校长后，马君武又奉行"锄头主义"。他要求学生拿起锄头参加建校劳动，既培养学生吃苦耐劳的精神，又使家境贫寒的学生通过劳动得到一点报酬，以补贴生活费用的

---

①中国人民政治协商会议广西壮族自治区委员会编.广西文史资料选辑（第1辑）[Z].1961：118.

不足。

在用人方面，马君武不拘一格。按照当时国内惯例，大学毕业生必须担任一定年限的助教，才能晋升为讲师。马君武却从中学教师暑期讲习班中选拔人才，来广西大学担任助教。反之，对不安心本职工作、学生不满意的教师，则不管资历、学识如何，一旦聘期已满，立即予以解聘。

马君武的同代人，显然很清楚他在中国近代教育史上的地位。这位校长以其改造中国的封建教育体制、推广现代高等教育的办学理念，与蔡元培同享盛名，有"北蔡南马"之誉。

但这个一度"恃才傲物"的马校长，却多次因学校的工作低下"勇武"的头颅。他曾求张学良为其捐助一笔办学款，张学良拒见，他便在张的公寓门房外待了一夜，张学良只好接见。康有为去世后，他的家人将其藏书出售，马君武得知这一消息，立即派人前往，苦苦哀求，才得以花费巨资，将康的藏书收于校图书馆。

1936年，广西当局改组西大，规定校长由省政府主席兼任。马君武请求担任理工学院院长，遭拒，只得离开他一手创建的西大。离别前，他意味深长地对学生说："我一生做的许多工作，都是别人求我，只有办西大，是我求别人。"

但他似乎从未后悔。1939年，59岁的马君武再度出山，重任广西大学校长。他的居所位于校区内杉湖旁，漓江的水，注入杉湖，显得格外柔情。门前是他亲撰的一副对联："种树如培佳弟子，卜居恰对好湖山。"有后人评说这副对联："早洗净先前勇武之气，显得温情脉脉这般。"①

第四节　新桂系对漓江的管理建设

　　以李宗仁、白崇禧为首的新桂系势力在取代以陆荣廷为首的旧桂系势力后,把广西的省会从南宁重新迁回桂林。为了稳定后方,摆脱广西落后的经济局面,从而促进社会的发展,新桂系以"党政军联席会议"的名义颁布了《广西建设纲领》,决定在广西全省开展大规模的经济建设。桂林这个省会城市自然成为当时建设的重点。新桂系势力的主要人物李宗仁、白崇禧都是桂林临桂人,对于自己的故乡桂林,两人自有不一样的感情。在新桂系治理广西的这段时间,新桂系对桂林进行了大量建设和治理,作为桂林母亲河的漓江,自然也不例外。桂林迎来了自己发展的黄金时期。

一、新桂系对漓江水患的治理

　　位于漓江上的桂林港的经济腹地包括桂林市、灵川、阳朔、临桂、龙胜和兴安。桂林港河段汛期来得早,去得快。一般 3 月初涨水,8 月底汛期结束。5 月至 6 月底水量达到高峰。丰水期为 4 月至7 月,枯水期为 12 月至次年 3 月。多年平均水位为 141.96 米,最高水位 148.6 米,最低水位 140.31 米(1939 年),最大流量为 7800 立方

_____

①林天宏.广西大学首任校长马君武:北蔡南马与蔡元培齐名[N].中国青年报,2007-12-26.

米/秒(1885年),最小流量为3.8立方米/秒(1957年)。^① 漓江自古以来就有水灾记载,最早的漓江水灾记录在宋朝,据《桂林史志》记载:"宋咸淳六年,漓江溢,平地水深二丈余,屋宇人畜漂没。"^②而在民国时期,据记载漓江曾泛滥12次之多。桂林市区的漓江两岸地势低洼,每当洪水到来危害甚大,为了防止洪水冲击城池,历代先后修筑的防洪堤有回涛堤(今龙珠堤前身)、东镇路河堤等。1942年,桂林市政府下令修筑滨江路南段河堤,滨江南段河堤,北起解放桥,南至文昌桥,长1586米,高5米。滨江路南段河堤的修筑,在一定程度上防止了漓江泛滥时对两岸的破坏,保护了两岸的安全。

二、新桂系对漓江航道的治理

桂林水路运输历史悠久,而漓江则是桂林水运的主航道。1936年11月至1937年4月,广西省政府拨专款8.5万元整治漓江(从兴安的大溶江至平乐的恭城河口)、桂江(恭城河口至梧州)、西江(梧州下游),对险滩、险段进行扒沙或改道,排除险情,航道通行条件大为改善。1938年冬,重庆国民政府经济部划拨款项,当年12月完工,使吃水0.8米的电船全年可以航行。河道疏通后,各地商人经营的木船、电船、轮船经桂江把广州的食盐、日杂、五金等生活用品运至桂林,又把桂林周边出产的青麻、牛皮、桐油、中药材、粮食、香菇等土特产通过船只从桂林运往广州。据《广西年鉴》记载:1935年航行在漓江上的民船达1852艘,货物吞吐量为1.7万吨。1943年2月1日

①广西航运志编纂委员会.广西航运志[M].南宁:广西人民出版社,1994:84—85.

②刘业林主编.桂林史志资料(第1辑)[Z].桂林市地方史志总编辑室,1987:5.

出版的《驿运界》杂志载文称:梧州到桂林的水运量,单食盐一项就达到 7.68 万吨,其他商品为 0.99 万吨、军用品0.18万吨、办公用品 0.18 万吨,合计为 9 万吨。航行在漓江上的船只,最多时可达到 5000 多艘。① 由此可见,在当时的桂林经济发展过程中,漓江的水运发挥着较大的作用。通过漓江,大量的货物得到输入和输出,促进了桂林与其他地区经济贸易的往来和商品的互通有无,促进桂林地区经济增长。同时,也可以看出,政府的力量对于漓江的开发和治理有着强大的推动作用。政府的重视,使得漓江的航运业更具规模,使得漓江除了秀丽的自然风光能愉悦人们身心外,也具有了经济价值。

漓江航运的发展,自然少不了渡口。古代的很多渡口,都是为了方便行人的往来,但是在此基础上,也会对政治、经济的发展起到一定的促进作用。在叠彩山明月峰东面的漓江之滨,古东镇门沿江下游 200 米处的木龙古渡,以及伏波山古渡,是漓江沿岸比较著名的古渡,对古代行人旅行或者航道运输都起着一定的作用。

古代对渡口的治理、管理,往往是以公文告示,或是在渡口刻石碑告知行人。例如在木龙古渡的临江石壁上就刻有清朝同治六年(1867 年)的临桂县知府公告:“设立义渡,普济行人,诚恐渡夫日久弊生,遇客往来勒索钱文,或逢水涨,不开行,为此示禁,各宜凛遵,如敢故违,定即提惩。”到了 1947 年,是年 5 月 14 日在《广西日报》刊登了一则关于渡口管理的规定,具体内容如下:1.在水涨桥开时,只许无篷大船或中船往来并须成人撑船。2.水涨第四桥门首驳岸时,每

---

①钟文典主编.桂林通史[M].桂林:广西师范大学出版社,2008:399.

人每次收费五百元,每担每次收费七百元,水退至浮桥船管理驳岸时,每人每次收费两百元,每担每次收费二百元。3.每大船载人不得超过30人,中船不得超过20人,小船不得超过10人。4.各船在撑船时不准抢先装卸,应依次序,以免危险。这是用文书的形式来进行管理。当然也会因管理不恰当,导致漓江航运交通堵塞。下面的两则1949年的公函,则能够明显地反映出管理不善带来的不良后果。其一,"桂林市政府广西省会警察局钧鉴,案据职分局漓江派出所所长杨聚旺于本年9月30日报称:查中正桥东西两岸来往行人极众,而前经市府征封渡船35只,实感不敷,平时赖其他船只协行渡运,惟因天气日益严寒,如遇风雨则其他未封船只均抛锚停渡,是时两岸行人因而拥挤,争先恐后,秩序难以维持,拟请转报市宪核准增封渡船30只以利交通"。另外一则是:"桂林市警备司令部勋鉴,查漓江浮桥自被水冲走后,两岸交通极感不便,本府为维护正常交通计,经封用民船以作渡船办理以来,商民称便,兹据东江区公所报告,所有渡船悉被贵部征去,水上交通发生阻滞,恳请转函勿再封用,以维持交通等情查所称属实。"[1]通过两则公告都能很清晰地发现,由于当时政府对于漓江渡口的管理不善,导致了交通堵塞,航运不佳,漓江两岸的行人拥挤,秩序混乱。政府的有效管理和治理是漓江渡口健康发展的有力保障。足以看出,在漓江发展治理中,政府有着明显的主导作用。

---

[1]黄家城主编,桂林市交通志编纂委员会编.桂林市交通志[M].南宁:广西人民出版社,2004:381—382.

三、新桂系对漓江商业的治理

通过新桂系对漓江的治理,漓江岸边也迎来发展良机。桂林市,是桂北八县土特产的集散地,当时桂林地区没有铁路,仅有低级公路,而汽车运费昂贵,因此,桂林市进出各种物资全赖水路交通运输。桂林因其地理位置,成为当时岭南东北部的商品集散地,通过漓江航道,北与湖南省相通,南与梧州相通。梧州是整个广西的进出口商埠,可直通香港,广西大量的货物通过这段航道,远销至广东及海外,因此,也促进了漓江两岸商品经济的繁荣。桂林东洲后街行,地处漓江东岸,其前面是漓江,后面是东江小溪,水道发达,因其地理优势,成为渡口,是当时桂林水面行业的经营中心。据记载,桂林东洲后街行"早在清末时期开始发展,清朝以后至民国十年逐渐兴盛起来,向为失意官僚,殷商富户所居,屋宇建筑坚固,地方清静幽雅,前有漓江河,后有普陀山、月牙山,亦城亦乡,风景宜人"。① 在新桂系治理期间,桂林东洲后街行开始迎来兴盛期桂林人口逐渐增加,民生必需品的需求也跟着增长,东洲后街行的商铺也开始增多。抗日战争爆发后,桂林东洲后街行更是兴盛,因为桂林地处西南,而前方战事失利,江浙地区大批官商迁居桂林,他们在使桂林总人口激增的同时,也拉动了桂林市的民生必备品需求。后来沦陷区范围不断扩大,渐渐逼近西南,从沦陷区疏散的大批物资涌入桂林,致使东洲后街行甚至整个桂林商业都进入黄金时期,当时的漓江上满是中国各地轮船,大量物资在桂林中转或销售,每天码头上起卸的货

---

① 桂林市政协文史资料委员会编.桂林文史资料(第13辑)[M].桂林:漓江出版社,1988:196.

物堆积如山,一片兴盛气象。然而,好景不长,抗日战争末期,战火逼近桂林,在紧急疏散后,守城司令韦云淞执行焦土抗战策略,东洲后街行大批房屋被烧毁,从此以后,桂林东洲后街行一蹶不振,走向衰落。

随着桂林城市的发展,商业贸易也不断发展,商业会馆越来越多。明清时期,桂林商品经济也相当繁荣。来此经商的外省商人不少,其中尤以广东、江西商人居多。为方便从事商业活动,他们纷纷在桂林设立会馆,下按地方按行业设立自己的分会。桂林最早的会馆是康熙五十七年(1718年)成立的浙江会馆。同治二年(1863年),江西会馆成立。据相关碑刻资料显示,光绪五年(1879年)已有粤东会馆。光绪六年(1880年)有江南会馆(原名旌德会馆、安徽会馆,也有江苏和浙江的商人汇集于此)。民国时期各省会馆相继成立,到新中国成立前,桂林有广东、湖南、江西、福建、浙江、四川、江南、山陕、云贵、八旗、庐陵、新安、两湖、建昌会馆等。这些会馆大都建在沿江的街道上。

同时,漓江航道也应运而生了一些民间组织。在1927年成立了"民船公会桂林分会"。随着漓江航运商业贸易的不断发展壮大,1933年,成立了"桂林水面业同业工会"。二者均在东门河边办公。桂系统治时期,民间运输是水上运输的主力。从事水上运输的船家绝大多数是单船单户,船舶既是运输工具,又是船工的栖身之所。从业人员以自己家庭成员为主,也有少数船户雇用帮工。靠着简陋的运输工具(绝大多数是载重量40吨以下的木帆船),长期担负繁重的水上货物运输。民国时期成立的各种船员工会组织,只有协调职能,并无领导职能。个体船户的分散性和流动性很大,当时在桂林市漓江街居住的船户分两种,一种是固定户,另一种是流动户。[①]

漓江航运的发展促进了周边商业的发展,其中明显的便是催生了桂林著名的盐街。

盐街在漓江西岸水东门北面,街上80%的商号经营盐业。咸丰年间,梧州设立官局售盐,商贩从官局买盐到各地经销,桂林成了桂北盐商的集散地。盐行街素有"广南商贩到,盐厂雪盈堆"的盛名。大的盐商主要有赵松记、李太和、李西元等14家,除万全金、李西城是桂林人外,其余多系湖南籍的客商,且以历代经营盐业的邵阳人为主。[②] 一些盐商在积累了相当的资本后也兼营山货,从而大大促进了桂林山货行的发展。据说光绪年间,桂林的山货行已有万全金、傅广元(源)、傅俊记、傅光元、广泰成、李西元、李西成(城)、广生祥等几家[③],与盐街相邻的腰街也因此而繁荣起来。当时山货行经营的土特产有香菇、罗汉果、白果、木耳、棕皮、藤制品等,每到农闲时节,附近农民纷纷将自产的各种土特产运到这里叫卖。

个别的盐商还利用手中的航运资源介入民营通信领域。道光至光绪年间,在水东街、盐街一带先后出现三家民信局:盐街的荣记、

---

①黄家城主编,桂林市交通志编纂委员会编.桂林市交通志[M].南宁:广西人民出版社,2004:420.

②中国人民政治协商会议桂林市委员会文史资料研究委员会编.桂林文史资料(第11辑),内部资料,1987:155.

③中国人民政治协商会议桂林市委员会文史资料研究委员会编.桂林文史资料(第11辑),内部资料,1987:141;中国人民政治协商会议桂林市委员会文史资料研究委员会编.桂林文史资料(第2辑),内部资料,1982:141.

赵松记和水东街的一家。这些民信局主要经营食盐生意,兼营民间通信,收取一定的手续费,每封信收费 10—16 文。他们的服务范围北达湖南祁阳、邵阳一带,南抵梧州。[①]

抗战时期,湖南、江西一度靠经由桂林漓江的粤西盐得以渡过难关。街道上的盐商号,也曾增加 40 多家;但好景不长,1944 年,湘桂大撤退,桂林疏散,桂林盐商的盐多积存在大湾,多达三十余万担。那时交通工具极缺,没有办法运走,都毁于战火。大盐商蒙受巨大损失,把资金全丢了。桂林光复后,盐街也就没能恢复昔日繁华景象。

四、新桂系对漓江客运的治理

新桂系统治期间,通过实施一系列的政策,巩固统治,同时也促进了广西的发展。在新桂系的治理下,广西内河的客运轮渡业获得了很大的发展。同时,民船(木帆船)客运也有很大的发展。据 1935 年出版的《广西年鉴》记载:当时,广西民船由于适合水浅曲折的水道航行,加上造价低,数量多,故仍承担着繁重的客运业务。以 1935 年为例,在漓江航线上,共有 1852 艘民船,年运载旅客达 1697.1 万人次。其中梧州至桂林线,有民船 679 艘,年运载旅客 679.3 万人次。在郁江航线上,拥有民船 849 艘,年客运量 1340.8 万人次。其中,梧州至桂林线,有民船 31 艘,年客运量 26.2 万人次。[②] 然而,随着抗日战争的爆发,日本军队兵临城下,桂林告急。桂军首领白崇禧却仅

---

①颜邦英总纂.桂林市志(中)[M].北京:中华书局,1997:2294.

②广西航运史编审委员会编.广西航运史[M].北京:人民交通出版社,1991:140.

部署了第一三一师和大部分是新兵的一七〇师约三万人守城,另把第十六集团军的两个师调到城外"机动攻敌侧后"。1944 年 11 月 1 日,日军发动进攻,中国守军顽强抵抗,象鼻山、王城等阵地的炮兵猛烈轰击,给日军造成重大损失。日军在被击退后又不断增兵,连续进攻。有的阵地反复争夺,数度易手,双方在多处阵地都发生了白刃格斗。11 月 8 日,日军加紧了攻势,同时派出空军参战。8 日中午,日军炮火摧毁了中正桥西头守军阵地,随即分乘登陆艇、橡皮艇甚至竹筏,利用桥墩作掩护,想要强渡漓江。但日军此举被桂军的火力杀伤不少,地方民团敢死队还划着竹排去炸毁日军的登陆艇。在漓江上,日军付出了阵亡 7000 余人的代价,最终只有约 300 人上了岸,窜入盐街,占领了桥头堡。[①] 经过桂林守军和居民的不断抗争,最终取得了桂林保卫战的胜利。

日军侵略桂林,给桂林带来了很大的损失。就船只航运业而言,早在桂林疏散期间,由于漓江浅而窄,组织工作混乱,造成不少船只毁损。后来日军侵略桂林时,又强抢民船渡江,损毁更多。日军退败时,更是对民船大肆进行破坏,使航运业损失程度进一步加深。早在 20 世纪初,内燃机小型客货轮(俗称电船)、蒸汽机拖轮及木驳船等是广西内河航运的主要工具,桂江也不例外。桂林的漓江水系较为发达,船只应用也甚为广泛。据载,桂江航线上的民船,1937 年为 1849 艘,1938 年为 1736 艘,1939 年为 2742 艘,1940 年 3483 艘,1941 年为 3193 艘,1942 年 3017 艘。航行在该线上的轮船,1937 年 7

---

①《广西历史文化简明读本》编写组著.广西历史文化简明读本[M].南宁:广西人民出版社,2013:48,50.

艘,1942年3艘。① 抗日战争的爆发使航线上的航行船只损失,航运量货运量损失,也使漓江航线航运经济受到损失。

五、新桂系对漓江流域水资源的管理

漓江水滋润了沿河的居民,灌溉了农田。对于农业地区来说,流域内的水资源管理是十分重要的,水流域面积的多少在一定程度上决定着农田的丰收与否。在民国时期,政府也注意到漓江水资源对于农业灌溉以及人民生活的重要性,因此,政府对漓江水资源进行管理。在这个时期,政府对于漓江流域的管理规划,开始向现代化发展,现代化建设开始萌芽。具体表现在水资源管理规划、水电建设和现代水利工程建设等方面。

1934年至1944年,荔浦县先后建成合江、蒲芦两座永久性重力圬工坝,实际灌溉面积共22 000亩,为县内现代水利工程建设之始。合江坝位于修仁镇三诰村合江屯背,引蒲芦河水灌溉农田,1933年由广西省政府派员勘测,1937年6月竣工。坝顶高189.87米,坝长80米,高7.5米,坝身砌块石,表面砌方形料石,引水灌溉1500亩农田。

荔浦合江坝建成后,其灌区以外的古卜、平社等村农田及松柏、拱秀、永镇等村沿山田地,因地势高亢未能受益。于是,以上各村群众自发组织水利协会,仿合江坝及筹款征工办法,于合江坝上游8千米处的象鼻山建坝,1938年春动工,后因技术人才缺乏、财力不足而

---

①广西省政府统计处编.广西年鉴(第3回下)[M].[出版者不详].1948:1007—1110.

停建。次年9月，由广西省政府派工程师到荔浦蒲芦河勘测设计，并成立"荔浦县蒲芦河灌溉工程办事处"进行规划施工。1943年元月底，拦河大坝建成，使没有在合江坝灌溉范围内的3000亩农田受益。全工程于1944年7月14日竣工，工程费用总计法币381万元，灌溉农田共7202亩。①

但这一时期时局动荡，由于战争、技术等原因，流域内的现代化水利工程建设皆几经波折。例如1937年冬，桂林市政当局为开发榕湖，曾在阳江筑砌石坝一座引水入湖。1944年，曾请广西水利林垦公司进行测量并作出计划，拟利用其水头发电，后因日本侵略占领广西而停止。② 又如甘棠江引水工程，位于灵川镇桥头村南，于1939年由广西省建设厅商请华北水利委员会援助勘察设计。预计总投资额1018.31万元法币。1941年10月，因日军侵华而停工。1946年续建，至1947年5月30日初步建成试水。但因施工质量低，且多处关键工序未完成，至新中国成立前夕，渠道多有淤积损坏。还有势江引水工程，位于恭城县莲花乡势江村，1938年由广西省政府派员勘察，1939年国民政府经济部派其所属的水利设计测量队到广西协助勘测设计。设计灌溉面积3.38万亩。1944年4月20日完工，总投资270万元法币，但最后渠系工程未建设完善，实际灌溉7000亩，比设计灌溉面积3.38万亩要少得多。并且此坝质量较差，1948年8

①朱百毅.漓江流域水资源管理史研究[D].桂林：广西师范大学，2008：22.又见灵川县水利工程·引水工程[EB\OL]广西壮族自治区桂林图书馆全文数据库·桂林地方资源图文数据库。

②高言弘主编.广西水利史[M].北京：新时代出版社，1988：251.

月洪水冲垮坝顶,缺口 32 米,后采用竹笼堆石坝拦塞,临时引水灌溉。[①]

经过新桂系的一系列治理措施,漓江的航道运输、商业经济、水资源管理等方面都得到了改善和发展,以漓江为中心的桂林也因此获益良多,国内不少名流学者以及国外记者到当时的广西观光,赞扬当时的广西,比起蒋介石"中央政府"统治下的省份有朝气,是一个模范者。[②] 抗日战争的爆发,前线不断失利,让地处后方的桂林成为前线城市工业内迁的首选,漓江作为桂林的主要水路运输航道,在这一期间扮演着重要的角色,漓江也迎来了自己非常重要的一个发展期。

第五节 抗日战争时期的桂林和漓江

抗战爆发前,桂林只是一个地处偏远,经济文化都落后的小山城;抗战爆发后,大片国土沦丧,而地处偏远,属于抗战后方的桂林迎来了大批人口迁入,桂林人口急剧增加。随着各大城市相继沦陷,如广州、上海、武汉等,许多学者、文化名人、报社、出版单位、戏剧剧团、音乐团体等汇聚到桂林,桂林的文化事业得到了快速发展,桂林

---

①朱百毅.漓江流域水资源管理史研究[D].广西师范大学,2008:22—23.又见荔浦县水利工程·引水工程[EB\OL].广西壮族自治区桂林图书馆全文数据库·桂林地方资源图文数据库.

②黄家城主编.漓江史事便览[M].桂林:漓江出版社,1999:63.

成了国民党统治区的一个文化中心。名人云集和文化事业的空前发展,使坐落在漓江畔的桂林成了当时闻名国内外的抗战"文化城"。

一、漓江畔"文化城"的建立

抗战爆发前,中国的文化中心在上海和北平;北平、上海沦陷后,大量文化人士及相关机构转移到桂林、香港;1941年12月太平洋战争爆发,香港沦陷,大批文化人士内迁到桂林。① 为何这些文化人士和相关机构都选择桂林,使桂林能成为抗日战争中的"文化城"? 这绝非偶然,其中,漓江起到了重要作用。

在当时,桂林是广西省的省会,同时也是国民党抗战的大后方。自蒋介石迁都重庆后,桂林作为沟通西南各省和东南各省的交通枢纽,其地位日益彰显。在抗战中,后方的物资在桂林中转,继而源源不断地供给抗战前线,这所依赖的正是桂林的水路运输,而漓江则是桂林水运的主要航道。漓江是桂林与香港及海外联络的重要通道,也是桂林沟通东南各省的重要通道之一,沿漓江而下便可抵达广州、香港。民国以前,漓江因冬季水浅、险滩众多等恶劣的条件,并不适合电船航行,后来经过新旧桂系的大力治理和重庆国民政府的帮助,1938年冬,漓江的航道已经能让吃水0.8米的电船全年通行。漓江航道的改善,使漓江的客运和货运两大行业都得到快速发展,民船从1937年的1849艘增至最高峰1940年的3483艘。这为桂林成为抗战中的"文化城"提供了交通上的巨大支持。相比于重庆、昆

---

① 钟文典主编.桂林通史[M].桂林:广西师范大学出版社,2008:402.

明、成都等路途遥远，交通闭塞的大后方，桂林因地理位置优越和有漓江这条黄金水道，让许多文化人士在出于交通安全、经济等因素的考虑下，选择了桂林作为驻足地点，不再西进。

二、漓江岸边的"文化城"与漓江治理

1938 年 10 月，广州、武汉沦陷之后，因为桂林优越的地理位置和相对宽松和谐的政治环境，吸引了沦陷区一批批文化人。据统计，抗战时期先后在桂林活动过的文化人士多达千人，其中国内知名的就有近 200 人；迁到桂林的文化团体有数十个，在他们当中有作家、艺术家、科学家、新闻工作者等等，当时的桂林可以说是文人荟萃，人才济济。而这些文化人士在抵达桂林后，大多聚集在漓江附近地带，为漓江带来了丰厚的人文气息。

桂西路，即今解放西路，因旧文庙位于其路西而得名。据记载，在抗战前后该路段先后存在过省立艺术馆、桂林中学、文化供应社、商务印书馆、中华书局、世界书局、力学书店、华华书店、启明书店等，以及印刷所多处。如果说桂林是抗战中的"文化城"，是国民党统治区的文化中心，那么这条夹在漓江与其支流桃花江之间的桂西路，就是整个桂林的文化中心，是这座"文化城"的中枢。

（一）漓江两岸兴旺发达的新闻与图书出版业

在艰苦的抗战过程中，新闻出版业的存在，使得人们能够及时地了解当时的国内战况，激励抗战的决心和斗志，对抗日文化建设和抗日救亡宣传发挥了重要作用。

在新闻出版方面，大批人士的涌入使得桂林漓江两岸的新闻

出版业得到空前发展。先后在桂林出版的报纸达到了 20 余种。如《新华日报》《大公报》《广西日报》《扫荡报》《救亡日报》《小春秋》《自由晚报》《力报》等。驻桂林的通讯社和新闻学术团体共 3 家:国际新闻出版社、中国青年记者学会和国民党中央社广西分社。1938年,《新华日报》在桂林设立分馆,分馆设在桂西路 35 号,分馆门口左侧有两条醒目的标语:"抗战的口号!""人民的喉舌!"充分表明了《新华日报》的立场。《新华日报》是中共在国统区办的一张公开合法的报纸,在抗日战争时期宣传中共全面抗战和持久战的路线,反对片面抗战和投降倒退,正确宣传了中国共产党的纲领路线和方针政策,努力把马列主义的真理传播到人民群众中去。《新华日报》在桂林的出现,把中共的抗日思想和路线带到了当时国内的文化中心,满足了要求进步和寻求救国真理的各阶层人民的阅读要求。①

在图书出版业方面,桂林也相当发达,1939—1945 年,桂林先后开设出版社、书店 220 余家,其中多家出版社、书店出版、发行兼具,先后出版、发行各类图书数千种,各类杂志 240 余种。其中,胡愈之、邹韬奋创办的生活书店,于 1939 年在桂林设立分店,且逐渐成为当时西南地区的出版中心,出版有毛泽东的《论持久战》、叶剑英的《武汉广州沦陷后的抗战新形势》等书和范长江、胡愈之、邹韬奋、陶行知、茅盾等主编的"战时大众知识丛书""抗战中的中国丛书",以及《国民公论》等丛书和杂志。大量的图书在桂西路印刷出版,并通过桂林的分店经由漓江发行至全国,满足了人们在抗战时期对书籍的需求。

---

①钟文典主编.桂林通史[M].桂林:广西师范大学出版社,2008:442.

（二）漓江两岸空前繁荣的戏剧业

抗战时期，在桂林这座"文化城"中，戏剧艺术也得到了空前的发展。戏剧运动的发展是桂林"文化城"兴起的一个突出标志。文艺理论家林焕平曾写道："抗战戏剧的发展，也大有比诗歌有过之无不及之势。因为戏剧是最好的最有效的抗战宣传的工具。抗战需要它的发展，是自然的。抗战一开始，剧人就空前的团结起来，他们冲破了原来的都市的铁门，跑到东西南北，天涯地角去了。……近年来，因电影器材的输入困难，而促进了大后方的演剧之特别蓬勃，如在重庆、桂林、昆明，剧团之多，演员技术之进步，观众水准之提高，简直使人惊佩。"[①]而桂林的戏剧业之所以得到空前发展，与一个人是分不开的，他就是中国现代话剧创始人之一，我国著名戏剧艺术家、电影艺术家欧阳予倩。

1938年4月，欧阳予倩应马君武的邀请，从上海经香港抵达桂林，受聘为广西戏剧改进会顾问，主持桂剧的改革工作。在桂林的这段时间，欧阳予倩在保留桂剧的地方特点的同时，改良唱腔，采用舞台实景等技法，后因理念和政治原因，离开桂林。1939年秋，为了发展广西的文化，9月28日，欧阳予倩携夫人和女儿到达桂林，住在榕荫路13号，榕荫路与桂西路交界，同样位于漓江和桃花江之间，在这里，欧阳予倩领导广西戏剧改进会从事戏剧改革工作长达8年之久。1940年3月，欧阳予倩在桂西路主持建立了广西省立艺术馆，编导了新桂剧《广西娘子军》《搜庙反正》和《胜利年》，反映了人民群众的抗日精神，让桂剧成为抗日救亡的武器。在他的带领下，桂

---

①林焕平.五年来之文艺界动态[J].学术论坛，1942(6).

剧被赋予了新的时代精神,成为宣传抗日、激励民众抗日的一大武器,1944年,欧阳予倩带着新桂剧参加了西南剧展展演,效果极佳,广获好评,鼓舞了人民对抗战胜利的信心,推进了抗战文化的发展。

(三)漓江边的美术业

抗战期间,随着大批文化人士抵达桂林,桂林建立或者迁来了大量的美术机构,随之而来也聚集了一大批著名画家和美术工作者,如丰子恺、张安治、尹瘦石、龙廷坝、徐悲鸿、关山月、帅楚坚、阳太阳等,可谓是名家云集。在当时,为了广泛开展抗战美术运动,动员民众参加抗战、发展美术事业、提高民众的美术素养,这些画家们创作了大量的美术作品,其中著名的有漫画家廖冰兄与木刻家陈仲纲合作创作的木刻漫画《抗战必胜》、李桦的《疯狂杀人者》。

在画家云集的桂林,漓江的风景自然吸引了众多美术家的眼光,在开展抗战美术运动的同时,不少画家也留下了描绘漓江的名作,其中,以徐悲鸿最为突出。徐悲鸿,中国杰出的现代画家、美术教育家,在中国画坛有着深厚的影响力。1937—1938年间,为推进广西的美术事业,徐悲鸿来到桂林。广西当局为他在独秀峰前建造了一间房子作为美术教室,他先是住在王城内,后搬到阳朔,自号"阳朔天民"。在青山绿水的桂林,徐悲鸿的创作达到了顶峰,著名的《雪景》《柳鹊》《牧童和牛》《漓江春雨》《马》《风雨如晦,鸡鸣不已》《青厄渡》等名画就是在这期间应运而生的。其中《风雨如晦,鸡鸣不已》和《青厄渡》两幅作品更是驰名中外。《风雨如晦,鸡鸣不已》刻画了一只雄鸡兀立在竹丛斜石上,引吭高歌、气势刚健有力,雄鸡一唱天下白,显示了作者对整个国家的前途充满信心。在畅游漓江后,徐悲鸿表示对兴坪古镇如画的风景尤为喜欢,《青厄渡》就是这么一幅反映兴坪风光的山水素描。他画出了百嶂千峰的奔腾,同时却又隐现迷离的特点,使人恍如置身仙境。①

这座位于漓江岸边的"文化城",其所发展的抗战文化在整个抗战时期光彩辉煌、璀璨夺目,不仅成为中国历史绚丽的一页,也为世界反法西斯战争历史增添了光彩,为风景秀丽、山清水秀、洞奇石美的漓江增加了丰厚的人文气息。

(四)桂林城收复后对漓江的规划建设

在历经了抗战的风霜洗礼后,桂林的各项事业百废待兴。很多的人文景观都被战火摧毁,但是桂林大多的自然景观依然美丽如昔,使得桂林在战争后显出生气。当时的桂林市市长苏新民对于建设桂林有自己的想法和建议,并且还撰写了《筹建桂林风景市拟议》《伏波山—河滨公园小志》和《榕杉两湖—环湖公园小志》等文章刊登在《桂林市政府公报》。他在《筹建桂林风景市拟议》中对把桂林建成何种类型的都市进行了较详细的探讨。②

1945 年 10 月,广西省政府主席黄旭初聘请川康建设协会成员、市政专家邱致中编制《大桂林三民主义试验市计划》草案,这是桂林历史上的第一次城市发展布局与规划。金陵大学邱致中教授是当时中国最顶尖的城市规划专家。在 1940 年,他策划过"自贡计划经济实验区"建设意见书,作为一项机密文件给当时的国民政府。他计划将桂林市区建成一个有 1000 平方公里领域,容纳 100 万人口的

---

①黄家城主编.漓江史事便览[M].桂林:漓江出版社,1999:441—442.

②苏新民.筹建桂林风景市拟议[Z].桂林市政府公报,1947 年。

国际性旅游大都市,建成"大桂林三民主义实验市"。该草案将桂林城区分为八个风景区:榕湖、杉湖一带为第一风景区;独秀峰、伏波山为第二风景区;西门外护城河两岸一带为第三风景区;漓江两岸为第四风景区;西门外夹山至青龙山为第五风景区;风洞山老人山一带为第六风景区;龙隐岩月牙山一带为第七风景区;普陀山七星岩一带为第八风景区。

其中的第四风景区,即兴安到阳朔漓江两岸风景区的建设构想如下:"自兴安沿漓江至阳朔西岸,宜加意培护风景,其最要者为培植四时均有观赏之动植矿各景物,以及亭台楼阁,旅馆茶室等事项,而水陆空交通工具亦需联络紧密,配备适宜;且可请中央,自兴安、灵川经桂林至阳朔沿江一带,设为国立广西公园,而造成东方游览胜地之权威,以繁荣大桂林。"①这是桂林近代史上第一次正式提出对漓江进行景区规划,计划除了明确将漓江作为风景旅游项目开发,还进行了滨江地带和两岸绿化带的建设规划。"漓江两岸沿堤均植桃、李、柳、槐(开黄花之土槐)、枫、梅等树,俾四时均有不谢花木,作为第四风景区。"1946年广西省政府提出开发漓江沿岸风景区的计划,对兴安到阳朔的漓江水体进行以游览为目的的建设。② 由此可以看出漓江已经成为向国内外宣扬桂林文化的一张名片,漓江将会得到更好的规划管理,完善桂林旅游城市规划建设。1945年10月,《大桂林三民主义试验市计划》在道路交通布置中专设了沿江公路,

①转引自李玲.桂林近代城市规划历史研究 1901—1949[D].武汉:武汉理工大学,2008:53.原文摘自:易熙吾等主编.桂林市年鉴[M].桂林市文献委员会编印,1949.

②李玲.桂林近代城市规划历史研究 1901—1949[D].武汉:武汉理工大学,2008:53.

即"本市旧城区已有堤岸一部分,将来沿河两岸,均应筑堤防水,堤上即筑沿江公路,且路面宜宽,接江一面种花木,对江一面则建房屋"。沿江公路的设置最初的目的是防洪,但同时也提出了沿江绿化带和滨江景观道路的设置。① 城市规划中注重个体之间的和谐以达到整体的预期效果。在漓江的堤岸建设绿化带,无疑是对漓江风景规划的锦上添花。既达到城市防洪绿化的效果,又促进漓江沿岸的风景规划,使桂林城市规划向着旅游城市发展。

1946 年,桂林市政府开始进行市政建设,在这一年中市政建设包括重修阳桥、改建漓江浮桥、修理虹桥水坝、修筑定桂路和青岛路码头。② 1939 年以前,"浮桥"是依靠船只连接两岸,方便人们通行。1939 年,永济浮桥被现代钢筋铁骨桥梁"中正桥"所取代,中正桥是漓江历史上第一座真正意义上的桥。抗日战争爆发后,桥梁被炸毁,两岸只能靠船只进行往来,极其不方便,因此于 1946 年修建"浮桥"。建漓江浮桥,方便了两岸的行人往来,同时也方便了漓江航运。在漓江的上空进行桥梁的修筑,既扩大了漓江的空间范围,也为漓江旅游增添了一道亮丽风景。同时修筑水坝 4 处,开挖渠道 994 尺,开挖水塘 25 口,造林 2800 余亩,植树 130 万余株。③ 在民国时期,漓江发生了多次水患,并且损失都较为严重。市政府进行造林、植树等市政建设也有利于水土的涵养,减少水土流失,开挖渠道

---

① 李玲.桂林近代城市规划历史研究 1901—1949[D].武汉:武汉理工大学,2008:58.

② 林远洲、张旭阳.抗战胜利后政府力量主导下的桂林市政建设问题研究[J].中共桂林市委党校学报,2015(15).又见佚名.本省交通的破坏及重建[J].广西建设,1946.

③ 林远洲、张旭阳.抗战胜利后政府力量主导下的桂林市政建设问题研究[J].中共桂林市委党校学报,2015 年 12 月第 15 卷.又见苏新民.一年来之桂林市政[J].新生路月刊,1947.

和水塘有利于河流和水道的疏浚,进而在面临水灾的时候可以起到一定的防护作用。在桥梁建设方面,桂林市建委拟重建中正桥,并在董家渡建第二铁桥,在将军桥下魏家渡附近建第三铁桥,在南门桥段建第四铁桥;还打算在漓江上游伏波门顺小池沼开凿成运河,以便和城西护城河连成一片,再疏通榕湖和杉湖,使东通漓江,将市中心区围绕一周,既便利交通,又增加风景,大有恢复古时市内交通"一水抱城流"之势。① 此举既疏浚河道,便利交通,同时还为桂林的风景增添色彩,可谓是一举两得,利于整个城市的发展。

1947 年 5 月 26 日,桂林市风景修建委员会成立,会长即时任市长苏新民提出了对桂林风景城市建设的构想——《筹建桂林风景市之拟议》。文章先分析了桂林的客观条件,分别假设将桂林建设成为商业、消费、工业都市,皆不适宜。认为"桂林最适宜建设为一风景都市,若欧洲之瑞士,浙江之杭州,供人游览,亦可繁荣市面,富裕民生也。盖桂林为喀斯特地形,奇峰异壑,林木葱秀,江流迂回,所谓'桂林山水甲天下'者。就大规模言之,北连兴安,南趋阳朔,合灵渠漓江之胜,建设为'东方公园',其规模之宏伟,举世无其俦匹"。

在《筹建桂林风景市拟议》中,苏新民针对漓江的开发与保护提到:"桂林自湘桂铁路兴建后,再辅之原有之公路,陆路交通虽已粗具规模,但水运则因桂江,自兴安以达梧州,数百里间,滩多水浅,难通巨舶。或谓,可疏浚桂江,去其滩濑,则巨舶可达桂林,然桂林与梧州,地势高低,悬殊太大,今上源仍有水,可稍通舟楫者,实以滩多储水之故,若滩濑渐除,则水一泻而下,上流将成涸涧;除非沿河设以水

---

①黄家城,陈雄章等著.桂林交通发展史略[M].人民交通出版社,2000:188.

闸,调节水量,此则非长久之时间与巨额之经费不可也。"①他认为对于漓江滩多水浅这种情况的治理,不适宜采取疏浚的举措,若要是沿河设立水闸,也并不是长久之计,因为需要耗费大量的时间和财力。并且在这份提议中苏新民提到桂林市将来的规划,因其交通不发达,原料运输以及产品的输出都相当的不方便,不宜作工业城市发展,并建议将桂林市规划成为风景旅游城市。桂林属于喀斯特地貌,山奇水秀,并且江河迂回,享有"桂林山水甲天下"之美誉;历代的文人骚客也在桂林留下了极具赞赏性的诗歌。桂林可以以山水为载体,以历史文化为底蕴,沿漓江顺流而下到达阳朔,在途中可以欣赏美景,陶冶身心,并可以将此段路线作为"东方公园"的中心。苏新民的这一提议,对于桂林市的旅游规划以及后来的漓江整顿治理、漓江风景旅游规划都具有重大的影响。

---

①苏新民.筹建桂林风景市拟议[Z].桂林市政府公报,第22—23期,1947年:10—12.

第六章 1949 年至 1978 年的漓江和漓江治理

第一节 新中国成立初期漓江保护的得与失

一、新中国成立初期漓江对桂林经济复苏的贡献

1949 年 10 月 1 日,中华人民共和国终于成立了,中国的历史进入一个新纪元,从此结束了战争,全国各个城市百废待兴,各行各业开始复苏。

素有"山水甲天下"之誉的桂林,是我们祖国大地上一颗璀璨的明珠,以奇特的喀斯特地貌成为举世闻名的旅游胜地。有人说,如果桂林是一个生命体,那么漓江就是她的灵魂。桂林漓江风景区是世界上规模最大、风景最美的岩溶山水游览区,千百年来它不知陶醉了多少文人墨客。漓江作为桂林人的母亲河,也在用它自身的优势为桂林的发展贡献着自己的力量。它改善了人们的交通条件和生活环境,给城市发展提供了良好的自然基础,可以说对于桂林的经济复苏功不可没。

（一）新中国成立初期漓江成为重要的水路运输载体及供水基地

桂林至阳朔漓江段长 86 千米，是中外游客观光游览的黄金水道，两岸独特秀丽的山水风光，是桂林山水之精华。漓江水量丰富，为新中国成立初期桂林的复苏建设提供了很好的水路运输条件和供水保障。

新中国成立后，党和人民政府十分重视农业生产，1950 年 6 月颁布了《中华人民共和国土地改革法》，并从当年冬开始在华东、中南、西南、西北等广大地区实行土地改革，实现"耕者有其田"。农民成为土地的主人，积极性空前高涨，生产力得到解放，农业生产迅速发展，各地区物资交易开始复苏。漓江在这段时间作为重要的水道，发挥了重要作用，运出大量农副产品，加强了桂林与外界的物资交流，促进了桂林市国民经济的恢复与发展。据资料显示，单 1950 年 7 月一个月，漓江上航行的运输船只就达 800 余只，水上运输十分繁荣。[1] 1951 年桂林的工商业因畅通的水路交通、开放的城乡内外物资交流渠道、稳定的物价等有利形势达到了进一步的兴旺繁荣，到 1951 年年底商业户数比 1950 年增加 15%，资金增长 26%，全年营业额增长 44%。[2]

随着水上交通运输的繁荣与商业的快速发展，新中国成立前被

---

①梁新.解放初期桂林市工商业的恢复与发展[C]//桂林市《对资改造》编辑小组编.桂林市资本主义工商业的社会主义改造.南宁:广西人民出版社,1992:255.

②梁新.桂林市资本主义工商业的社会主义改造[C]//中共桂林市委党史研究室编.中共广西地方历史专题研究(桂林市卷).南宁:广西人民出版社,2001:316.

破坏的桂林港开始进行重建并迎来了其发展的春天,桂林市政府因地制宜,在1953年组建了港口管理机构,并建设客货码头和港口设施,极大地提高了全市防灾抗灾减灾能力;随后的1956年,桂林港船民对漓江各滩进行了疏浚整治,横山滩再次进行改道工程建设,改善了航道面貌,提高了通航能力,形成了更为完善的航道轮廓。多项改造使人民得以安居乐业,桂林港就此成为集居民交通、货物运输为一体的重要交通枢纽。①

综上所述,在陆路交通尚不发达的时候,人们利用漓江水域交通的天然优势,构建起了兴旺的水路航道,使漓江成为桂林与其他城市之间的重要沟通载体,而丰富的水量使漓江成为新中国成立初期桂林的供水基地。

---

①黄家城.漓江史事便览[M].桂林:漓江出版社,1999:180—181.

（二）漓江基础设施的修建和美化改善了交通和市容

新中国成立后短短的两年间，随着国民经济与生活的改善，桂林市政府的相关领导开始着手于桂林城市面貌的修复以及水路交通的治理。

1951 年，时任桂林市长王全国着力于漓江的建设，合理运用环境资源，使人民的生活环境进一步得到改善。王全国采取了一系列措施，对基本生活艰难的群众展开救助。市人民委员会在财政困难的情况下，拨出巨款实行以工代赈。各区政府把失业贫困市民组织起来，维修城市基础设施，每天上工人数有七八千人，锤石碴，修道路，清理榕湖、杉湖的淤泥，将挖出的淤泥挑到依仁巷河边，无偿给农民肥地；深挖湖泥，增加蓄水，把挖出的湖泥堆积起来建成湖中小岛，并修建了九曲桥。

另外，在当时工商界人士支持下，修整了漓江大桥。1951 年 2 月到 7 月，桂林人民和工程技术人员经过半年的劳动，终于在中正桥的基础上，利用原墩台，建成了钢木合构桁架桥，结束了桂林东西两岸靠浮桥连通的历史。整个工程除了业界人士的集资，还实行以工代赈，既解决了城市贫民的生活、就业问题，又改善了城市的基础设施，使城市面貌有了改观。

（三）桂林漓江作为中国形象被搬上大银幕

"桂林山水甲天下"，其中的水主要指母亲河漓江，是漓江的水孕育出了两岸绝美的自然风光。漓江是中国旅游的窗口、与世界旅游接轨的切入点和国际化交流合作的平台，也是桂林吸引投资、融入全球化经济的切入点和桥梁。漓江是"桂林山水甲天下"形象的代表,正因为有了"山水甲天下"的独特优势,桂林才名扬海外,如果失去了漓江风景名胜资源,桂林将失去她极富魅力的形象和特有的吸引力。

1955年,我国第一部彩色地理风景片取景于桂林,片名《桂林山水》。这一珍贵的地理风景片记录了桂林如画的风景,也获得了捷克斯洛伐克1956年第九届国际电影节优秀纪录片奖以及叙利亚大马士革1956年第三届国际博览会电影节短片铜质第二奖章。桂林漓江代表中国的良好形象第一次被搬上了大银幕,桂林山水的名声也开始逐渐享誉全球,这提高了桂林的知名度,并为桂林的旅游业打下了坚实的基础。

二、新中国成立初期漓江流域复苏的遗憾

由于漓江属于山区丘陵雨源性河流,径流年内分配极不均匀,丰、枯水季节径流量相差悬殊,汛期洪水暴涨暴落,暴雨洪水成为影响桂林市人民生命财产安全、社会经济发展与社会稳定的心腹之患;枯水期水资源短缺,给桂林市用水、旅游和生态环境带来严重影响。新中国成立初期漓江为桂林的经济发展提供了很好的平台,但是由于江流防洪等设施年久失修与战争时期所受到的破坏,漓江的洪涝与季节性的周边田地干旱问题难以得到解决,具体记录如下:

1949年至1952年期间,桂林旱灾及洪灾频繁。旱灾最严重的为1951年,当年2月7日最小流量为3.8m³/s(漓江多年平均流量128m³/s,平均枯水流量为11.8m³/s、3.8m³/s,表明漓江

几乎断流）。洪灾严重的年份有 1949 年、1952 年，常年洪水位在 144.0—146.9m 之间。其中最严峻的是 1952 年，暴发了一次历史上少有的山洪，1952 年 6 月 6 日漓江水位高达 152.79m，水势为 68 年来最大的一次，洪水高度较 1883 年最高洪水位高 1.3m，漓江沿岸众多建筑和庄稼遭到破坏，沿岸居民受灾惨重，共计 1800 余户、5800 多人受灾。①

新中国成立初期的自然灾害中，其中水灾的发生除了自然因素的影响，匪患等人为因素不可忽略。广西是匪患的重灾区，直到新中国成立后的 1952 年 12 月匪患才得以解除。

广西人民深受匪患之苦，各地集中力量进行剿匪斗争，无暇他顾，对灾情估计不足，造成了大量田地荒芜，水利失修，这些都成为后来水灾发生的重要原因：①1950 年匪徒在玉林、恭城、平乐、梧州等地发动暴乱，被杀害的干部和进步群众多达 3000 人；恭城县农民积极分子被害人数达 350 余人；同年匪徒发动投毒事件 62 起，中毒人数达 3480 人。种种人祸使劳动力急剧减少，人民抗灾能力相应减弱，大部分稻田因不能翻土过冬而接近荒芜，多数水利设施处于失修的状况。②反动地主和匪特分子除了抢、杀，还故意烧毁森林，不仅破坏了森林涵养水源的功能，还破坏了林业生产，导致土地大面积荒芜。据统计，上思县自 1951 年 11 月至 1952 年 3 月，已发生放火

---

①杨年珠.中国气象灾害大典·广西卷[M].北京:气象出版社,2007.

烧毁森林案 31 件,据不完全统计,共烧毁林木 3 万多株。[①] 水源林的破坏直接造成了漓江枯水期的延长和自身防洪能力的降低。

在新中国成立初期,母亲河漓江为桂林当地及周边的人民提供了太多的帮助,但天灾和人祸无时无刻不提醒着人们要善待它,并警示人们破坏母亲河的生态环境,将会产生严重的后果。

第二节 "大跃进"时期漓江建设的得与失

1958 年我国开始进入"大跃进"时期。"大跃进"时期的浮夸口号以及对生产力水平的认识不足,导致技术落后、污染密集的小工厂数量迅速增加。与此同时,已有的环境保护规章制度受到了批判和否定,在管理混乱、污染控制措施缺乏的情况下,工业"三废"放任自流,环境污染迅速加剧。同时,"大跃进"不合理的大投入与低产出形成鲜明对比,造成了桂林经济的破坏和环境的透支。

一、"大跃进"对漓江造成的自然破坏

"大跃进"时期,人民劳动积极性高涨,响应国家"钢铁产量赶超英美"的号召,全民大炼钢的局面出现。对于桂林这样环境优美的城市,大规模的炼钢运动对环境的破坏也难以避免,大炼钢铁使桂

---

① 广西壮族自治区档案馆编印.广西自然灾害及防灾救灾档案资料选编(1950—1954)[Z].1997.

林消耗了大量自然资源,造成了漓江沿岸森林受损,尤其是漓江源头海洋山被严重破坏。

1958 年,桂林没有任何炼钢基础,最早炼钢的机械厂物资十分匮乏,也缺少技术人员。据当时桂林炼钢厂的一位老工人魏德行回忆:"当时厂里没有任何现成的炼钢设备,也没有一个人懂得炼钢的操作技术。很多时候,一个小小的技术环节,由于没有经验,只能对照着书本一遍一遍地试验,几十次、几百次,直到成功为止。"

经验的缺少导致资源浪费极大,但在桂林炼钢厂车间的第一炉钢水炼成之后,人们的热情不断高涨起来,人们发现过去觉得难于登天的炼钢就在自身的学习和努力下完成,再大的困难也能克服,改造自然的脚步开始越迈越大。1958 年 7 月 13 日《桂林日报》记载了当时党委给桂林机械厂的祝贺词:"钢是当前带动一切工业建设的纲,你们炼出了钢,使我区钢铁工业跃进中又增加了一支生力军。特别值得祝贺的是你们轧出了我区的第一批钢材,揭开了我区钢铁工业崭新的一页,为我区的钢铁生产做出了一个良好的开端。从你们的事迹中,再次证明了,只要敢想、敢做,解放思想,破除迷信,鼓足干劲,力争上游,任何事情我们都可以办到。"就这样,随着第一炉钢水炼成,桂林地区的大炼钢铁运动开始了。据 1958 年的新闻记载,当年 6 月 28 日到 6 月 30 日短短的 3 天时间,桂林炼钢厂在厂长的带领之下建成了贝式转炉、冲天炉,赶制出鼓风机。7 月 1 日又制成了小型贝式转炉。1958 年 7 月 14 日中共桂林市委召开会议,部署力争 1958 年产钢 10 万吨的战略。此后,全市人民以土法上马,大炼钢铁,年底宣布,炼出"钢"2200 多吨、"钢材"10 多吨。从 7 月 2 日出炉第一炉钢到年底的 2200 多吨钢,其中所消耗的铁及生火木材的数量之大是难以估量的。到了 1959 年 9 月更是提出了"要以钢水赛漓江"的口号,然而低水平的炼钢手段使得钢水质量不高,很多无法使用,却消耗了大量的自然资源,给生态带来了严重破坏。

随着"大跃进"运动的进一步深入,农业"大跃进"之风也愈演愈烈,这样一来进一步破坏了漓江周边的生态环境。当时在农业领域开始推行"以粮为纲"的政策,在急于求成的思想和"向自然界开战"口号的激励下,出现了毁林填湖、开荒种粮的现象,漓江周边的大量森林被烧光,土地用于种田。这样的结果导致生态环境遭到更严重的破坏,水源减少,易旱易涝,最后大量的田地随着之后"三年困难时期"的到来而颗粒无收。

为了直观地说明"大跃进"对漓江周边生态环境的破坏,本段选取了桂林市全州县在"大跃进"时期的环境破坏记录。(全州县水域虽不属于珠江水系,但由于灵渠的修建,漓江下游的水源部分来自此水域,该区域内的环境问题也对漓江水流有着巨大影响。)

在"大跃进"之前的 1956 年,全州县全县森林面积 238 万亩,占林业用地面积 363.79 万亩的 65.42%,覆盖率为 39.46%;其中有林面积 231 万亩,蓄积量 270 万立方米。1958 年"大跃进"开始后,因大炼钢铁、大办集体食堂、大修水利,砍伐森林面积 16.07 万亩,至 1960 年森林面积下降到 156.4 万亩,仅占林业用地面积的 43%,覆盖率为 25.93%。具体数据如下表:

全州县部分年分级松林面积、有林面积、蓄积量情况表

	1956 年			1960 年			1971 年		
	森林面积	有林面积	蓄积量	森林面积	有林面积	蓄积量	森林面积	有林面积	蓄积量
总计	238	231	270	156.9	135.8	282.4	182.5	156	134.7
用材林	220	220	270	121.7	121.7	282.4	125.7	125.7	107.7
松林	180		216	78.3		168.2		92.3	45.1
杉木林	20		28	21.33		45.9		16.6	24.7
杂木林	20		28	22.07		68.3		16.8	37.9
备注	面积单位：万亩　蓄积量：万立方米								

　　"大跃进"对漓江流域的生态环境破坏严重。以全州为例，1958年由于放"钢铁卫星"，伐薪烧炭作冶炼钢铁的燃料，公路两旁的防护林、风景林、水源林、松杉林遭到了毁灭性的砍伐。全州县公社共砍去31 580亩，损失林木蓄积量217 210立方米，致使森林资源被严重破坏。绕湾大队的楼源蒋家大沟、小沟，红日岩和桂子岩四处水源林，有松、杉和杂木林5300亩，蓄积量27 800立方米，1958年砍伐后只剩残林，有的成为裸露石山；万板桥大队的何塘坪、王家祖坟山、廖家祖山松林1600亩，蓄积量9000立方米，1958年因炼铁烧炭而被砍光；吐子塘大队的太极源浸、小边、大路源三处共有松、杉林13 000亩，森林蓄积量7万立方米，1958年被砍掉12 250亩。[①]

　　由于森林被过度砍伐，地下蓄水量减少，导致旱季山泉枯竭，河水水量减少，土地天然抗旱能力减弱，更直接地加剧了自然灾害。

---

①全州志(第七卷·林业)[M].南宁:广西人民出版社,1995.

二、"大跃进"中后期漓江环境治理的闪光点

"大跃进"对于桂林漓江的自然资源消耗极大,但是也不能就此否认人们在这一时期的成绩。在这一时期,周恩来总理与桂林的环境改造密切相关。"大跃进"时期青狮潭水库的建立对于漓江水域的改善也起了极大作用,并一直影响至今,而种竹运动也造就了今天两岸的竹林美景。

(一)种竹运动美化两岸风景

"大跃进"时期的"大炼钢铁"使得漓江两岸树木受到人为破坏被砍伐殆尽,加上洪灾等自然灾害,漓江植被遭到毁灭性破坏,而周恩来总理的到来使漓江边的植被起死回生。1960年5月15日,周恩来总理到访桂林,与邓颖超、陈毅、张茜夫妇一起从解放桥码头登船游漓江,在船上听取了有关青狮潭水库的汇报。周总理认真地了解了漓江的绿化和配套情况,并在观赏途中细心地发现漓江两岸许多处无竹的地方与有竹的地方形成鲜明对比,无竹的地方露出一块块斑驳的伤痕,得知没有竹子导致两岸河堤被洪水冲垮塌方,而有竹的地方,河堤保护得很好,且竹子茂密、风景优美,于是在码头下船上岸后,周总理立即对陪同的地方领导提议,要在两岸种些凤尾竹,既可保持水土,又可美化环境。他指令四川省无偿调拨大量凤尾竹,此后各地政府积极发动沿岸群众,在漓江边掀起了种竹扮靓漓江的热潮。兴坪镇冷水村的杨修财老人,就是当年种竹热潮的见证人之一。他记得,1963年至1967年,几乎每年政府都会下发大量同竹、凤尾竹(村民称其为刺竹)、撑杆竹、油竹、毛竹等种苗,村民每种活一

株,就奖励 5 毛钱,光他一个人,当时就种了几百株;那几年,漓江两岸一到植树季节,成百上千的群众就涌到江边,挥锄挖坑……种竹运动改善了漓江的生态环境,同时为漓江增添了美感,可以说如果不是当年周总理游漓江,没有政府的号召,漓江两岸现在可能就失去了一道绝美的风景!

(二)青狮潭水库建立,帮助困难时期的桂林渡过难关

漓江属雨源性河流,相对流量丰富的特点使得其夏涨冬枯,丰、枯水期的明显差异使得水量差距显著,最大差距在 500 倍以上,因此漓江季节性水多与水少的问题并存;枯水期间漓江两岸山体裸露严重,河道干涸,植被减少,严重影响漓江生态环境;丰水期时,农田被淹没,泥石流等自然灾害发生。

1959—1961 年我国处于三年困难时期,由于各种灾害导致大量田地颗粒无收,出现了大面积饥荒。就在这么一个困难的时期,青狮潭水库在桂北人民的努力之下建立了起来,解决了大量农田灌溉问题。

青狮潭水库位于漓江上游,于 1961 年基本完成大坝、溢洪道、灌溉发电引水隧洞等主体建筑物的建设。1961—1964 年,东西干渠相继建成通水。青狮潭水库的建立能调节河流的流量,自水库建成后漓江流域在枯水期流量明显增多,每年可调水 7000 万立方米补充漓江,保证枯水期流量达 30 立方米每秒,正常年景四季通航 200 艘客轮[①];丰水期又能实现防洪排涝的目的,能抵御旱灾。从此,灵川、临

---

①广西大百科全书编纂委员会编.广西大百科全书·地理[M].北京:中国大百科全书出版社,2008:183.

桂二县及桂林市郊区干旱土地得到自流灌溉,变成旱涝保收的肥沃良田,桂林地区的农业一改之前听天由命的状况,到 1965 年青狮潭水库灌溉区域的粮食产量高达 0.9 亿公斤。

青狮潭水库的建立不仅改变了桂林地区农业的状况,同时也为城市提供了工业用电,提高了工作效率。在水库建成后,水养殖业得到巨大发展,20 世纪 60 年代后期,桂林市 70% 的活鱼都出自此水库。

青狮潭水库合理地调节了漓江水系资源,让桂林地区走出困境,并在之后给整个城市带来巨大变化,影响持续至今。

三、"大跃进"后漓江短暂的恢复时期

"大跃进"后,全国干旱问题相继爆发,广西未能幸免,受灾程度和人数都达到历史之最。灾难过后,兴修水利,农林牧一体发展等政策的施行使漓江得以恢复。

1962 年 11 月,农业部在全国农业会议上提出"小型为主,配套为主,群众为主"的冬修水利方针。1963 年,毛泽东提出了"农业学大寨"口号,这一段时间内"冬修水利""农业学大寨"的相继落实使漓江得到短暂恢复,桂林生态压力得以缓解。"农业学大寨"中明确指示:农、林、牧三者互相依赖,缺一不可,处于同等地位。桂林市"农业学大寨"活动从 1963 年 3 月 7 日开始发动,时任市委书记黄云、副书记陈亮、市长冯邦瑞、副市长牛命芝等党政领导同志召开市农业社会主义建设先进集体、先进生产(工作)者代表大会,会议阵容庞大,包括郊区各人民公社、各国营农场、站以及其他单位的 99 个

先进集体的代表和846名先进生产者和先进工作者。① 会议传达了中央文件并动员全体社员学解放军、学大寨，制定了大搞农田基本建设的全面规划，以改土、治水为中心，兴修水利，营建第一级水库——水源林；山、水、田、林、路综合治理，在现有林区条件下，划定水源涵养林或水土保持林，采取有效措施，切实加以保护；实行有计划的封山育林，禁止或限制采伐；衰老了的水源林，适当择伐或分散采伐，采伐之后，要迅速造林更新；难以造林的陡坡和石山，则不宜采伐，应天然更新；新造水源林，优先选择速生用材和经济树种……②据当时的《桂林日报》报道："这是自农业先进代表会召开后，全市再次掀起的新一轮的农业、工业生产高潮。""农业学大寨"在桂林开了荒，造了地，修了水利，在某种程度上深层次解决了当时农业发展的瓶颈问题，给桂林农业带来了进步，同时也对防洪抗旱起到了重要作用，有利于桂林生态事业的发展。

　　1964年11月，桂林郊区掀起冬修水利的高潮。五仙桥引水工程动工，该工程可使3000多亩农田扩种两季，并将桃花江水引入芳莲池，增添秀色。1965年8月，水电部召开的全国水利工作会议进一步提出"大寨精神，小型为主，全面配套，狠抓管理，更好地为农业增产服务"的水利方针。③ 1965年8月30日，郊区召开水利工作会议，贯彻"以配套为主、以挖现有工程为主、以小型为主"的方针，集中力量在年内修通青狮潭水库东干渠。20世纪70年代，各地大兴

---

① 桂林晚报[Z].http://news.guilinlife.com/news/09/8-24/68694.html

② 广西林业科学研究所.水源林是第一级水库[J].广西林业科学，1976(2).

③ 张岳.新中国水利五十年[J].水利经济，2000(3).

"农业学大寨"运动,将水利建设与农田整治结合起来,再次掀起农田水利建设高潮。至 20 世纪 70 年代末,我国农田水利系统基本建成。

"大跃进"运动可以说是新中国成立后第一次大规模的对自然界的过度改造,党中央吸取"大跃进"的教训,中共中央和国务院于1963 年召开的第二次城市工作会议开始树立起对自然环境的正确态度。会议指出:"在工厂中,要解决废水、废气和废渣的处理和利用问题。"随后,1965 年广西壮族自治区交通厅为重点治理漓江航道拨款 10 亿元,并成立了整治工程指挥部。该指挥部由桂林航道工程队组织指导,桂林、灵川、阳朔、平乐、恭城、荔浦等市县航运公司调集船只和劳力分摊包干施工,对 28 处浅滩进行了疏扒和构筑。[①] 在这一时期广西区政府认识到环境破坏所带来的自然灾害对人们的影响,采取了成立专门部门、发放资金等补救措施来治理漓江,因此桂林地区的自然环境得到了短暂的恢复,但随着之后十年"文革"的到来,各项环保措施基本废弛,地方"五小企业"再度兴起,片面的"以粮为纲"政策再度推行,漓江生态遭遇了新中国成立后第二次大挫折。

---

①桂林市地方志编纂委员会编.桂林市志[M].北京:中华书局,1997:2224.

第三节 "文革"时期漓江保护的得与失

　　1964年第三届全国人民代表大会第一次会议首次提出实现"四个现代化"的科学发展目标,但1966年"文革"的到来使其未能实施,十年"文革"给桂林和漓江的发展带来了重大的影响。

一、"文革"期间漓江保护的缺失

　　"文革"期间社会经济发展主要侧重于工业和农业,全国各地各类生产大会战不断开展,我国的工业、水利工程在这一段时间内虽得到了不同程度的发展,但是不可否认的是政治生活的混乱、生产力水平的低下和人们对环境保护的漠视,导致桂林漓江的环境再一次受到破坏。

　　(一)"小三线"运动的不合理开展

　　"文革"时期正值"小三线"运动兴起,桂林作为"小三线"城市因被列为国家经济建设的重点地区而颇受关注,"小三线"运动使得桂林的工业得到发展,但同时由于技术和意识的落后,并没有很好地兼顾环境。

　　自1970年4月广西计划会议起,桂林采取了一系列发展措施:狠抓钢铁、煤炭,为建设独立的工业体系打下坚实的基础,并将一些工厂从桂南搬到桂林;恢复"大跃进"中停建的桂林钢铁厂;利用闲置的厂房建立许多小电子厂等。通过"小三线"的建设，桂林的工业真正得到了发展，初步形成了以机械、电子、纺织、食品、橡胶、医药、化工为主要支柱的工业体系。截至1976年，桂林市的工业企业发展迅猛，相较于1966年增加了88个，工业总产值增长了3.13倍。但是，在"以阶级斗争为纲，抓战备，促进国民经济新飞跃"以及组织"煤炭、钢铁、化肥、农机、电能生产大会战"的高潮背后，是对桂林环境的严重污染和破坏，以漓江为例，漓江被二度伤害主要归咎于工业生产中环境保护意识的缺失。[①] "小三线"建设的全是对环境污染比较严重的工厂，如钢铁厂、电子厂、化工厂等，污水处理技术水平十分低下，且按照"靠山、分散、隐蔽"的方针进行建设，对植被的破坏很大，同时因"小三线"建设的政策支持导致一些著名的景点被工厂挤占，工厂排出的污水未经过处理直排漓江，使得漓江的水发黑发臭，大量鱼类死亡，如1974年12月桂北钢铁厂（后改为灵川钢铁厂）高炉含氰废水未经处理直接排入漓江，造成水质下降。

据桂林市第一任环境监测站站长吕维礼回忆："20世纪70年代，我市的环境情况非常糟糕。"吕维礼目睹了许多令人心痛的画面：第一造纸厂的废水让漓江变成了一半清水一半泡沫的"鸳鸯江"；第二电厂排放的粉煤灰堆积在南溪河下，使得河面同马路差不多高；桂林化工厂和氮肥厂排出的废气将平山附近的青山都熏秃成白山……

（二）"文革"期间森林被大面积采伐

20世纪70年代初期，虽然人工造林面积增加，但由于森林采伐

---

①蒙爱群,覃坚谨.广西三线建设的概况[J].传承,2008(2).

①蒙爱群,覃坚谨.广西三线建设的概况[J].传承,2008(2).

的不合理,采伐量超过了生长量,导致森林蓄积量减少,加上分林到户的政策,农民不放心,认为谁先砍林谁先得益,森林被大面积砍伐,猫儿山海拔千米以下的天然树木遭大量砍伐,密林变成残林甚至荒山秃岭,植被被破坏。①

"文革"期间大量树木的减少是江边地区干旱与洪涝灾害并存的主要原因。树木的减少会直接导致土壤含水量降低,河流枯水期延长。相关数据表明,1972年、1974年、1979年都曾出现过旱灾。其中1972年的旱灾最为严重,23.88万人生活用水受到影响,工厂停产28天,漓江停航156天。同时,1974年和1976年还暴发了洪涝灾害,其中1974年的洪灾受灾情况惨重。洪水历时3天(7月16日—18日),最高水位达到146.80m,造成市区30条街道被淹,5000多户居民受灾,郊区75个大队受不同程度破坏。究其原因,是因为当时森林的减少导致雨水和雪水没来得及渗透到地里就顺着河流流走,伴随着植被减少,水土流失,最终导致频繁的洪涝灾害。

漓江水源林和沿岸森林的破坏将会对所有在漓江流域生活的人产生影响,大量树木被砍伐带来的洪灾和旱灾是给漓江流域人们上的最沉痛的一节环保课。

(三)"文革"期间管理缺失

1966年"文化大革命"开始,尽管这一年发生了一系列大事,但由于社会还处于一种政府管理的有秩序状态,所以相对来说生活平稳安定。而到了1967年,这种局面已无法维持。1月份爆发了"一

---

① 蒋能,李虹,欧蒙维.保护和营造水源林对解决漓江枯水问题的意义[J].福建林业科技,2008(3).

月风暴",桂林各主要政府部门受到冲击,被"造反派"接管,此后,又接着爆发了大规模的"打、砸、抢、抄、抓"运动。1967年下半年,桂林市政府各部门在红卫兵的冲击下,陷入了半瘫痪状态,包括市园林局,被红卫兵夺权后无法正常运转,更不用说对环境的治理和对漓江的保护了。

在"文革"期间,红卫兵打着毛主席的旗号,错改毛主席在1917年写的《奋斗自勉》,把"与天奋斗,其乐无穷! 与地奋斗,其乐无穷! 与人奋斗,其乐无穷!"省略为"与天斗,其乐无穷! 与地斗,其乐无穷! 与人斗,其乐无穷!"以支持他们的错误活动,其中"与天斗"和"与地斗"的错误思想对桂林的风景名胜和自然环境造成了十分严重的破坏。"文革"中有一句口号叫作"挖山开渠,兴修水利",在"文革"期间,确实造就了许多对后世贡献巨大的水利工程,但是在这一过程中红卫兵们的行为却变了味,不科学的开垦和挖山活动,单纯地凸显出"与天斗、与地斗"的精神,破坏了漓江周边的生态环境。

二、"文革"后期漓江环保的进步

"文革"期间的大规模工业生产给漓江的生态造成了破坏,但在"大兴水利"的政策导向和"桂林山水甲天下"这一著名的城市名片的影响下,这十年中漓江在硬件发展和政策支持上依然有可喜之处。

(一)漓江水利工程的完善

"文革"期间人们也没有忘却"大跃进"的教训,总结了"大跃进"建设的教训并引以为鉴,重视工业生产的同时也十分重视农业生产,并在全国各地兴修水利工程。桂林漓江水利设施建设在此期间徘徊前行,取得了较大成就,70 年代粮食不断增产,使得桂林在"文革"期间未出现大规模饥荒。

《桂林地区水利电力大事记》是这样记述"文革"期间桂林周边水利工程的成果的:"'文化大革命'期间,桂林市的农田水利建设虽然受到影响,但群众仍然坚持兴修水利和大搞农田基本建设,继续贯彻'以蓄为主,小型为主,大中小结合,综合利用'的水利建设方针,动工新建了磨盘、大江、板峡等 9 处中型骨干水库,同时新建了一批小型引、蓄、提工程,形成了全地区水利灌溉网,对保证晚稻生产起到了重要作用,使地区粮食产量不断增长。"①

大江水库的建成使之成为除青狮潭水库之外桂林周边最大的水利工程,水库有效库容 2987 立方米,水清无污染,水库两岸松竹成林,绿树成荫,满目青翠,空气清新,还有层层丘陵和近千亩盆地,既积蓄了水源又美化了当地环境。同时,在"文革"期间人们不断拓展青狮潭水库的功能,在 1969 年和 1972 年先后对青狮潭水电站地下厂房 4 台机组进行安装、调试并使之与桂林电厂并网发电。

漓江在这一时期再一次以母亲的形象无私地奉献自己,使桂林的农业、工业得以快速发展。

(二)环保意识的萌芽

1970 年之前的中国,人们对于"环境保护"这一词语还十分陌生,因此新中国成立后,随着各项工业生产活动的不断开展,我国的

---

①周绍瑜,汤世亮.十年"文革"动乱:桂林经济在艰难中徘徊前行[N].桂林日报,2011-7-1(T09).

环境破坏程度已经十分严重。1972 年中国使团参与联合国在斯德哥尔摩召开的人类环境会议后,中国政府才开始意识到中国城市环境污染问题不比西方国家轻,而且自然生态破坏程度远在西方国家之上。紧跟着,"环境保护"一词终于第一次在新中国提出。

1973 年,在党和国家老一辈领导人周恩来、李先念等同志的关怀和主持下,在北京召开了全国第一次环境保护会议。这次会议唤起了各级领导对环境保护的重视。国务院成立了环境保护领导小组,各地方相继召开会议,建立工作机构,加强宣传,开展环境治理,在全国范围内掀起了一股环境保护热。

桂林市政府响应中央的号召,同年成立"工业三废"调查小组。"工业三废"调查小组是桂林第一个官方环境保护组织,旨在引导各工厂注重防治污染,桂林市革命委员会也积极配合环保工作,在市有关部门和重点厂矿,指定专职或兼职人员负责环境保护工作。此后桂林市各工厂开始注重工业排放和污染。例如:1974 年桂林钢厂停产了一个 0.5 吨转炉,并注重在生产技术上进行革新,使用水煤浆(由 65%—70% 的煤粉、30%—35% 的水和约 1% 的添加剂制成的混合物)代替粉煤,改用水煤浆作为燃料解决了粉煤在长途运输过程中散落的问题,也减少了燃烧后的废气排放,降低了污染。因此,桂林钢厂成为国家试点的加热炉燃料的小型轧钢,国家为该项目发放了专项经费和无息贷款。后来,钢厂也因此获得了国家科技应用二等奖。

在"文革"时期国内政治混乱的大环境下,我国引入环境保护这一概念极为难得,标志着我国环境保护意识在新中国成立后开始萌芽,发展所造成的严重的自然资源破坏最终会反馈给自身的观念也为国家所认识,桂林地区也把防治污染落到了实处,这是工业生产的很大进步。

(三)得天独厚的关注度与政策支持

桂林作为广西的历史文化旅游名城,在"文革"的政治环境下依然受到各界人士的关注,不少国家领导人、文化界知名人士都对桂林的自然景观感到惊叹,并为保护、美化桂林的环境和促进桂林的发展起到了重大作用。

1973年桂林作为旅游城市成为首批对外开放的城市,同年桂林也迎来了邓小平同志。他的到来,对桂林生态环境的健康发展起到了极大的推动作用。

1973年10月15日,时任国务院副总理的邓小平陪同加拿大总理皮埃尔·埃利奥特·特鲁多来到桂林,游览了漓江,参观了市区工厂,但这一路的环境让他很不满意,沿江多处工厂污水排入漓江,江面上漂浮着工厂排出的泡沫,形成了一清一黑的"鸳鸯江"。看到秀丽的山水被工业废气、废水如此污染,生态环境遭到如此严重的破坏,他语重心长地对接待他的桂林市委书记钟枫说:"桂林风景世界驰名,保护好桂林山水不受污染,是桂林的一项重要工作,不论是发展工农业也好,搞城市建设也好,都不要忘记这一点。如果你们为了发展生产,把漓江污染了,把环境破坏了,是功大于过呢,还是过大于功?搞不好,会功不抵过啊!"邓小平的一席话给桂林敲响了警钟,自治区和桂林市政府组织人员对漓江和其他风景区受污染情况进行了调查研究,摸清情况,提出整治方案,并把外宾对漓江污染和城市建设的意见、建议整理成册,呈送邓小平过目。邓小平亲自召集有关部委负责人,主持会议,研究漓江的治理和环境保护问题。不久,国务院颁发了《尽快恢复并很好保持桂林山水甲天下的风貌》的决定,要求"广西壮族自治区党委、政府把治理漓江提上议事日程,采取切实措施,尽快把漓江治理好"①。桂林市当时关闭了30多家污染漓江的工厂,在全国率先修起了污水处理厂。

在邓小平的直接关怀下,中央开始关注漓江的环保问题。同年12月,国务院环境保护领导小组派出工作组到桂林调查污染情况,并依据调查的情况向中央提出了治理意见。1974年12月,国务院环保领导小组办公室颁发的《环境保护规划要点和重要措施》,把漓江列入全国主要保护河流之一,要求在三至五年内控制污染,十年内使污染得到根治。1975年1月,桂林市成立环境保护领导小组,环境保护管理越来越规范化。

20世纪60年代到70年代期间,除了邓小平同志,朱德、陈毅、李先念、叶剑英、陶铸、郭沫若等国家领导人和文化界名人都曾到访桂林,并游览漓江,对桂林的环境保护起到了推动作用。

他们中的有些人还留下了人们耳熟能详的诗句,提高了桂林的知名度,如陈毅副总理的"水作青罗带,山如碧玉簪。洞穴幽且深,处处呈奇观。桂林此三绝,足供一生看",叶剑英元帅的"乘轮结伴饱观山,右指江头渡半边。万点奇峰千幅画,游踪莫住碧莲见",又如郭沫若的"桂林山水甲天下,天下山水甲桂林。请看无山不有洞,可知山水贵虚心"等等,无不表现了对桂林的赞美之情。

---

①黄家城.漓江史事便览[M].桂林:漓江出版社,1999:408.

各级领导和文化界名人的到来也给桂林带来了政治上和经济上的支持。时任中共中央中南局第一书记陶铸到桂林视察时，提出要把桂林建设成"东方日内瓦"，并批示扩建了解放桥。1972年，李先念同志陪同尼泊尔首相比斯塔及夫人一行访问桂林时向中央提出要在桂林建设接待外宾的场所，以满足桂林当地长年接待外宾的需求，于是1976年建成了漓江饭店和漓江剧院。

十年"文革"，给人们带来的印象是社会主义发展大道上的弯路，它不可避免地给人们带来了惨痛的回忆；但是总有那么一群人，他们始终奋斗在自己的岗位上，兴修水利造福后人，拓宽眼界解放思想，保护着祖国的大好山河。漓江既是我们的母亲河，养育着当地人民，又可以算是"文革"时期的幸运儿。在特殊时期，它受到了国内外的关心与爱护，得到了较好的保护，避免了更大程度的破坏。

第四篇

1978 年以来的漓江
和漓江保护

第七章　改革开放初期漓江环境的治理与成效

第一节　邓小平与漓江保护

邓小平与漓江、桂林人民有着深厚的情谊，他为桂林的环境保护倾尽了心血，两次指示桂林的环保工作，使桂林人民受益匪浅。

1977 年 7 月，中共十届三中全会通过决议恢复邓小平的党政军领导职务后，邓小平同志第一时间重拾桂林的环境保护工作。1978 年 10 月 9 日，桂林市政府接到了邓小平同志的重要批示："桂林漓江的水污染得很厉害，要下决心把它治理好。造成水污染的工厂要关掉，'桂林山水甲天下'，水不干净怎么行？"为此，以漓江为首的主要河流治理开始提上国家日程。

随后在 1978 年 10 月 31 日，中共中央又批转了《国务院环境保护领导小组办公室环境保护工作汇报要点》，桂林市被列为全国重点治理环境污染的 20 个城市之一，文件要求三至五年内重点控制包括漓江在内的全国主要河流湖海的污染，八年内使水质恢复到良好状态，基本解决大气、水质污染等问题。

同年 12 月 12 日,时任国务院副总理谷牧在桂林召开会议,专门研究桂林风景区污染的治理问题,议定了三条治理原则。原则内容如下:(1)整个风景区(包括漓江两岸)所有构成污染的工厂限期治理;(2)要使用好国家为治理桂林风景区的投资;(3)地方政府应制定环保、管理的全面规划和实施条例。由此漓江的环境问题受到了国务院的特殊重视,也成了各级环保会议的举例对象。

1978 年 2 月,环境保护问题首次纳入我国宪法,法律规定:"国家保护环境和自然资源,防治污染和其他公害。"这是新中国历史上第一次对环境保护作出明确规定,为环境法制建设和环保事业发展奠定了基础。

1979 年 1 月 6 日,针对桂林治理污染进展不力的情况,邓小平再次批示:"要保护风景区。桂林那样好的山水,被一些工厂在那里严重污染,要把它关掉。"1979 年 1 月 18 日,国务院就以〔1979〕11 号文件批转原国家建委《关于桂林风景区污染治理意见的报告》,转发给广西区政府和国家有关部委贯彻执行。至此桂林环境污染治理工作终于有了具体行动,一项综合治理漓江的巨大工程展开了。

根据邓小平的批示和国务院的文件精神,自治区党委派出工作组进驻桂林,与桂林市领导及有关部门一道实地调查漓江污染情况,研究具体的治理方案,并成立了桂林市漓江风景管理局等职能机构。在自治区党委、政府的直接领导和国务院有关部委的监督指导下,桂林市打响了一场影响深远、意义重大的环保攻坚战。1986 年邓小平重返桂林,看到美丽清澈的漓江后兴奋地说:"桂林山水,就是要讲这个水字,有水才能看到倒影嘛!"①

第二节　改革开放初期的漓江保护

在党中央对桂林环境高度重视的环境下,桂林的环保工作势在必行。改革开放后,桂林市积极响应国家的号召,严格要求自己,抓实事,办好事,在工业治理、环境绿化和生活污染处理方面做了一系列人民看得见的环保工作,制定了具体规定和管理制度,并取得了一定成果,具体如下:

在工业治理方面,改革开放初期对一批污染重的厂房进行整改或要求其停产,严格控制各类工厂的工业污染物排放。

1978 年 12 月,桂林市政府在财政十分紧张的情况下,对桂林第二电厂沙河火力发电厂进行停产处理。沙河火力发电厂位于漓江的支流南溪河上游,在 1973 年投产后,每天排出大量废水(4000 多吨)、煤灰(200 多吨),污水、废煤经过几年的堆积,淤塞了南溪河,后又冲入漓江,污染了漓江斗鸡山至瓦窑江段的水体,使停靠在龙船坪码头的船只也都受到不同程度的腐蚀,引起市民的强烈不满。发电厂停产后,漓江的污染程度大大降低,水质得到明显改善。

1979 年桂林市政府又对污染严重、废水废气排放量大且一时又难以解决污染问题的造纸厂、轴线厂、二电厂、钢厂、染织厂、化工厂

---

① 谢迪辉.桂林:中国一张漂亮的名片[M].桂林:广西师范大学出版社,2008:8.

等 27 个企业和车间集中进行了关门、停产、合并、转移、拆迁等处理，成效显著。从 1979 年起，每年削减废水排放量 1326 万吨（每日 3.64 万吨），占漓江纳污量的 19.9%，关停转迁的企业占桂林市工业总产值的六分之一多。桂林市政府在经济发展与生存环境中，选择了不以环境污染为代价的发展立场，斩断了污染源，迅速而有效地遏制了污染的势头。

据桂林钢厂工人陈桂养回忆："1979 年，在市'革委会'环境保护办公室的要求下，桂林钢厂关闭了一个污染较大的车间。我们炼铁的高炉和转炉都停产了。……厂里的领导和员工都很理解，因为知道漓江已经被污染了，大家都十分配合市里的环境治理工作。"因桂林市政府对污染物排放量下达了明确指标，实行了不达标就得停产等政策，桂林钢厂的其他车间都想方设法采取各种措施以减少污染，如用布袋除尘法遮挡小电炉的烟尘，用麻石除尘器遮挡加热炉的粉尘等。

除了从防治污染的角度制定方针外，桂林市政府还从环境绿化和生活污染的角度使桂林山水变得更美。

1976 年 7 月 26 日至 30 日，全区石山绿化科技协作会议在桂林市召开，会议决定在桂林市和阳朔一带的石山区采取"以封为主，封造结合"的办法给一些风景区和部分公路旁的石山披上绿装，全区预计在 2850 万亩石山中造林 200 万亩。

1978 年 2 月成立了直属市环境保护办公室的环境保护科学研究所，并从 1979 年开始承担对漓江及其支流的水质监测工作。之后成立桂林市石山绿化实验站，专门从事石山的绿化和研讨工作，采取封造联合、选择树种、因地制宜等方针。

1978—1980年间，桂林市实行"连家船改造"渔民上岸政策，在漓江岸边征地并建立了大圩、潜经、草坪、杨堤、兴坪、阳朔等15个渔民定居点，使绝大部分渔民上岸定居，减少了漓江的生活废水、废物污染。

1979年初市政府组织了147个单位、39 000多名市民投入保护漓江的活动中，集中精力对南溪河污染进行治理，10天内消除了煤灰、污泥11.2万立方米。

第八章　改革开放初期名人政要眼中的
　　　　漓江与漓江保护

最早到桂林旅游的外国人被认为是唐朝时的日本僧人荣叡、普照和印度(当时称天竺国)的高僧觉救。日本僧人荣叡、普照是追随鉴真大师来到桂林的,在桂林旅居一年。来自印度的高僧觉救与其他僧友一起走遍了桂林的著名景点。①

第一节　桂林对外开放赢得各国游客和嘉宾对漓江的
　　　　赞誉

1973 年,桂林被列为国务院首批对外开放旅游城市,成为仅次于北上广的第四大旅游城市。到此游览的外国游客数量仅次于北上广深四座城市②,其中包括 150 多个国家的领导人和地方政要。外国领导人来到桂林后,对桂林山水赞赏有加,加深了对中国的良好印象。

---

①庞铁坚.漓江[M].广州:广东人民出版社,2010:28.

②钟文典.桂林通史[M].桂林:广西师范大学出版社,2008.

1973 年 10 月 15 日,加拿大总理皮埃尔·埃利奥特·特鲁多及夫人的到来开启了桂林的外事旅游接待的序幕。

特鲁多夫妇在邓小平同志的陪同下,游览了漓江、芦笛岩、叠彩山等景点。漓江两岸的秀美风光让特鲁多夫妇陶醉不已。叠彩山保存完好的石刻和佛像,更是让他们感到吃惊,并由衷地赞叹桂林人民把文物保护得那么好。

1977 年 10 月 7 日至 9 日非洲喀麦隆总统阿赫马杜·阿希乔和夫人一行畅游了漓江,考察了桂林的发展情况,高兴地说桂林的美丽不仅是自然美,同时反映了中国人民实现进步的决心,桂林今天比过去更加美丽。

1978 年 4 月,瑞士外交大臣卡林·瑟德尔来到桂林,为桂林的青山碧水所倾倒。在赞美漓江山水时,他说道:"今天畅游漓江使我感到能表达我的感情的唯一恰当的形式是诗歌。但是我只能说:风景实在太美了,无法用语言来形容。"①

1978 年 12 月,随着党的十一届三中全会的召开,在共和国即将进入现代化的转折关头,桂林又迎来了丹麦女王玛格丽特二世。女王是丹麦王国 600 多年来第一位女君主,而她也是北欧地区第一位访问桂林的国家元首。女王在游览桂林时说:"桂林奇特的山水早就受到传颂,任何地方都没有这里千姿百态的石灰岩。中国风景的精华,给欧洲人留下了深刻的记忆。在一些石山上覆盖着翠绿的树木,绵延曲折的河流上飘荡着许多船只,山上云雾缭绕,散布着神秘

---

① 黄家城.漓江史事便览[M].桂林:漓江出版社,1999:453.

的洞穴。来到这里,人们就像步入中国的画境。"①玛格丽特二世的到来为中国打开了北欧外交的大门,同时也为漓江打开了面向北欧的旅游市场。

1982年,德国前总统卡斯滕斯游览漓江后赞道:"清澈的漓江,秀丽的山峰,葱郁的田野,这些都可以看到你们在环境保护方面做出了很大的努力,使桂林避免了现代经济带来的污染。"

12年后,德国另一位总统魏茨泽克游览漓江后亦感叹道:"乘船游览漓江是我一生中一大快事,我非常钦佩桂林人民为保护漓江水质而做出的种种努力。"

1996年8月的一天,时值漓江旅游旺季,一名工作人员在"黄布倒影"胜景处登上一艘涉外游船后不久,突然听到一名外国男子放声大哭起来。工作人员以为是服务出了问题,才导致游客如此伤心,岂料该男子径直走到船头,没等众人做出反应,就一下子跳进了漓江里。"不好了,有人跳江自杀了!"众人都以为这个外国游客要自杀。就在大家慌里慌张准备救人之际,这位男子又主动爬回船上。他一上到船上就推开对他伸出援手的众人,面向漓江山水,用法语大喊:"漓江啊,你太美了,我真想被你淹死!"②

2003年,科摩罗总统阿扎利偕夫人一同游玩漓江,当天恰好细雨蒙蒙,青山、绿水、渔村,在淡白的云雾中如诗如画,仿若仙境。面对这人间美景,阿扎利感慨地对市长说:"这里的景色非常美丽,我

---

①方悦仁,谌世龙,苏加华.正确认识漓江本质是科学保护漓江的金钥匙[J].旅游论坛,2010(6).

②黄家城,廖江.漓江流域文化生态研究[M].桂林:漓江出版社,2011.

看到其中还有很多可爱的动物,像鱼和鸭子等。桂林乃至全广西甚至整个中国都非常美丽。地方政府做出了很大努力来保护自然环境,我想这非常好,应该长期保持下去,这会吸引更多的人来桂林旅游。"船抵阳朔时,他在游轮的留言簿上挥毫疾书:"桂林山美、水美、人亦美。我永远不会忘记桂林。"

第二节　美国总统眼中的漓江和漓江保护

1979 年中美两国才正式建立了外交关系,但在这之前早有美国总统来到桂林并对漓江做出了高度的评价。

1976 年尼克松的桂林印象:我见到的最美的地方。而将桂林山水推向全世界的就是美国总统尼克松。1976 年,美国总统尼克松在访问了北京之后便到桂林游览,他和夫人深深陶醉于美丽的山水间。当时左下肢动过手术的他,身体状况并不怎么好,但这一次,他一口气游完了游程 500 多米的芦笛岩,让身边的随从人员都惊叹不已。

在漓江游玩的时候,他赞叹道:"我到过世界上一百多个城市,桂林是我见过的最美的地方。"当时的西方媒体把尼克松游览桂林和赞美桂林的消息迅速传遍世界各地。从尼克松开始,外国元首纷纷将桂林列入访问中国的站点之一,许多游客也纷纷慕名而来。

基辛格的漓江印象:桂林山水是现实主义的写真。1979 年 5

1976 年 2 月,尼克松夫妇在游览漓江

美国第 51 届总统乔治·布什在 1977 年曾偕夫人到桂林,1985 年 10 月 16 日至 17 日夫妇二人又前来访桂

月,桂林山水的美就被来访的美国前国务卿基辛格先生一语道破,他说:"过去,我总认为中国山水画是画家们浪漫主义的构想,看了桂林山水才知道这是现实主义的写真。"①

乔治·布什的两次桂林之旅。继尼克松之后,似乎历任的美国总统都对桂林情有独钟。1977年、1985年乔治·布什两次到桂林访问,并游览漓江。他说:"长期以来,我一直欣赏中国山水古画,当然,我知道有许多最优美的景色是描绘桂林周围青山幽谷的。这些风景肯定是人所看到或者能想象到的最秀丽的地方。"

1998年克林顿游漓江时因陶醉其中而推延回国飞机。1998年7月初,克林顿总统一家应邀来桂林访问,他是继尼克松、卡特、布什之后第四位来到桂林的美国总统。克林顿之行在西方世界引起了重大反响,单随行记者就有数百人。桂林人民为迎接这位美国元首做了精心准备,按日程安排,克林顿朝阳时分乘空军一号抵桂,傍晚时分离开桂林,中间只安排在七星公园骆驼山发表演说和游览漓江两项活动。前一项活动准确地按时间表进行,由于克林顿流连忘返,后一项活动似乎就没有时间概念了。

克林顿先生一登上漓江的游船就很快沉醉于漓江的山光水色之中,一家子欢呼雀跃,乐此不疲。船到兴坪,总统一家索性离开游船,登岸品味兴坪佳境,体会漓江之畔的民风民俗。要知道,此前克林顿的心情可不怎么好,当时莱温斯基事件正闹得沸沸扬扬,共和党人以此为契机向民主党发动了全面的政治、经济、外交攻势。置身漓江山水中的克林顿显然忘记了此前的一切烦恼,一门心思全在

①黄家城,廖江.漓江流域文化生态研究[M].桂林:漓江出版社,2011.

百里画廊里,以至于返航的时间推迟了近两个小时,据说这在美国总统的旅行史上是绝无仅有的。①

美国前总统克林顿和夫人希拉里于 1998 年 7 月游览阳朔县城

克林顿总统像以往的到来者一样陶醉于桂林的秀美风光,但他也把更多的关注点放在漓江保护上。在骆驼山下的演讲里,他说道:"美国和中国人民在经济、文化、环境保护方面的交流有着广泛的前景,对未来地球自然环境的关心是双方理解和合作的基础,环境问题不是一个国家的问题,而是世界的问题,美中双方应携手为保护地球的自然而努力。"同时,他也对桂林人民在自然环境保护方面做出的不懈努力表示深深的敬意。在演讲开始时,他说道:"从中国文明于几千年前诞生之日起,许多中国的诗、画都歌颂了中国的

_____

①黄家城,廖江.漓江流域文化生态研究[M].桂林:漓江出版社,2011.

大地、天空和河流之美。没有哪个地方能像桂林一样更能让人想起贵国是一个美丽的国度，数百万的美国人对于漓江边婀娜多姿的山峦记忆犹新。当看到桂林的优美风景时，我们想到了中国的过去，但当我们知道它们至今仍存留于世，我们对它们被保存得如此之完美表示感激。"

克林顿在当时广西壮族自治区主席李兆焯的陪同下沿漓江一路游览，船至兴坪，便到渔村里参观农户沼气设备。克林顿对这项保护漓江生态环境的措施非常感兴趣，并大加赞赏。

第九章　20世纪80年代以来的漓江和漓江保护

　　桂林在环境保护方面也曾有过辉煌的过去：环境质量曾经连续17年稳居广西各市首位。作为广西首个创建成功的国家环保模范城市，桂林当时全市大气环境质量100%达到国家二级标准，城区内水质达到国家Ⅱ类、Ⅲ类标准。优良的环境质量让当时的桂林颇有傲视群雄之感。

　　漓江保护做得好，也为桂林市带来诸多的发展机遇和荣誉。桂林市自1991年以来，先后获得诸多荣誉，包括"中国优秀旅游城市""国家园林城市""国家卫生城市""国家环保模范城市""全国青年文明号模范城市""全国精神文明建设先进城市""全国社会治安综合治理优秀地市""中国城市名片""中国经典城市名片""全国园林绿化先进城市""全国文化模范城市""全国城市区域和道路交通声环境'双十佳'城市"等。

　　此外，桂林市还被中宣部和中华环境基金会授予"中华环境奖"等荣誉称号，已连续6次获得"全国双拥模范城"称号，连续7次获得"全区双拥模范城"称号。2008年11月8日桂林荣获"中国国际友好城市交流合作奖"，此后又获得了全国社会治安综合治理最高奖"长安杯"，连续4年获得"全国创建文明城市工作先进城市"称号，成为国家首批重点风景名胜区之一，获批为第二批"国家低碳城市"试点。桂林市还获得了2011中国城市榜"最中国文化名城"称号,被誉为"中国大陆旅游业最发达城市""中国特色魅力城市"。

2016年9月,漓江畔的标志性景点象鼻山通过全国网络评选,被授予"最美赏月地"称号,中央电视台对此进行了报道。象鼻山因酷似一头站在江边伸着长鼻豪饮江水的巨象而得名,被认为是桂林山水的象征。从山形看,象鼻和象腿之间有一个通透的石洞,被称为水月洞,江水穿洞而过。水月洞与水中倒影宛如圆月,一个沉于水底,一个浮于水面,在明月当空的夜晚,天上月、洞中月、水底月,三月争辉,交相映衬,形成桂林山水一大奇景———象山水月。象山水月是桂林"老八景""新二十四景"之一。宋人蓟北处士曾作《和水月洞韵》:"水底有明月,水上明月浮。水流月不去,月去水还流。"生动形象地描写了天上、洞中、水底月亮相互辉映的奇景。[①] 2017年春节,桂林还成为央视春节联欢晚会的南方分会场,"央视春晚,最美桂林",全球十几亿观众通过春晚直接看到了桂林。央视春晚桂林分会场的两个节目《歌从漓江来》《带上月光上路》,在春晚全部42个节目中收视率排名第五,实现了"央视春晚,桂林最美"的既定目标。[②]

在国际荣誉方面,2009年11月16日,联合国世界旅游组织/亚太旅游协会旅游趋势与展望国际论坛会址永久落户桂林;2010年,

①刘倩.桂林象山水月入选中国"最美赏月地"[EB\OL].桂林生活网,http://news.guilinlife.com/n/2013-09/21/333254.shtml

②游拥军.央视春晚收视率排行出炉 桂林分会场收视率排第五[EB\OL].桂林日报,http://gx.sina.com.cn/news/gx/2017-01-29/detail-ifxzytnk0212259.shtml? open_source=weibo_search

第一届国际旅游博览会举办城市为桂林,并成为永久举办地;2015年,中国—东盟博览会旅游展落户桂林,桂林成为永久举办地。2016年6月,在联合国教科文组织世界遗产委员会第38届大会上,分布在阳朔县北部和西部以及雁山区东南部区域的700平方公里(其中提名地253平方公里)桂林喀斯特成功列入了世界自然遗产名录。

第一节 漓江保护的形势不容乐观

然而,桂林也尝到过环境质量下滑之痛。广西壮族自治区环保厅于2015年3月公布的2014年全区大气环境质量考核结果显示,桂林位列5个不达标城市之中,被要求在3年内实现达标。同年3月19日,因污水处理设施项目进展缓慢,桂林部分市县干部被相关部门约谈。

一、漓江流域人口增长对漓江的影响

因无专门的漓江流域人口统计数据,故以桂林市(1998年以前分别为桂林地区和桂林市)人口为代表分析漓江流域人口对区域资源环境的影响。

查阅文献可知,1949年桂林地区总人口为158.55万人,1958年为188.81万人,1959年为192.25万人,到1961年下降至184.72万人,1962年为190.84万人,1976年为270.8万人,1977年为275.09万

人,1986 年为 313.56 万人。

根据第六次人口普查结果,1949 年新中国成立后桂林市人口变化如下图所示。

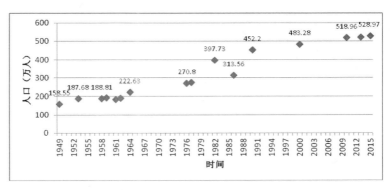

桂林市人口发展轨迹

从上图可以看出,自 1949 年以来,桂林市人口持续增加,尽管个别年份人口曾经下降过。人口的增加成为区域资源开发力度过大、环境负荷增加的重要因素,对于全流域生态环境演化的"贡献"不可低估。

2010 年第六次全国人口普查主要数据公报显示,桂林市总人口为 498.84 万人,与 2000 年第五次全国人口普查的 483.28 万人相比,10 年间共增加 15.56 万人,增长 3.22%,年平均增长率为 0.32%。比"四普"到"五普"十年间下降 0.35%。

全市 2010 年 11 月 1 日 0 时的常住人口为 474.80 万人,同 2000 年第五次全国人口普查的 471.98 万人相比,10 年间共增加 2.82 万人,增长 0.6%,年平均增长率为 0.06%。

2010 年全市总人口和常住人口地区分布　　（单位:人）

地　　区	总人口	常住人口
桂林市	4 988 397	4 747 963
秀峰区	103 984	156 504
叠彩区	136 142	170 628
象山区	224 492	275 284
七星区	175 061	297 029
雁山区	71 191	76 193
阳朔县	308 296	272 223
临桂县	472 057	443 994
灵川县	366 773	350 832
全州县	803 495	633 174
兴安县	354 924	329 507
永福县	274 662	233 504
灌阳县	280 284	233 598
龙胜各族自治县	168 895	154 889
资源县	170 413	146 824
平乐县	418 501	370 455
荔浦县	374 169	352 472
恭城瑶族自治县	285 058	250 853

　　从以上数据可看出,2010 年桂林市五城区①人口都是净流入,十二县人口都是净流出。漓江流域的诸多问题因人口膨胀而产生,但现有的人口流动趋势是否有利于漓江流域生态环境的维持和修复?

---

　　①2010 年时桂林市的行政设置还是五城区十二县,后增设临桂新区,改为六城区十一县。

二、漓江流域水保护工作任重而道远

(一) 漓江上游水质较差，曾发生较大的污染问题

漓江流域上游水质现状并不乐观，尤其是支流污染较为严重，漓江流域上游水体溶氧量不足且经常发生氮污染，城区饮用水源的细菌也严重超标，饮用水被生物污染的可能性正在加大。生活废水与工业污水任意大量排放、水源林破坏造成水源不足、枯水期水量偏小、河水排污自净力下降、水质不达标等问题不断破坏着漓江流域上游的生态环境。近些年漓江的水环境在不断恶化，多次发生污染事故。2003年漓江流域上游出现严重的旱情，枯水期延长，造成污染明显加剧，特别是支流水质明显变差。水质对生态需水量有较大的影响，只有建立科学评价体系才能更好地保障漓江流域上游的生态环境健康可持续发展。漓江流域上游的水质情况随着时间的推移有明显的变化，其污染物类型也不固定。例如石油类在1998年以前严重超标，而1998年以后却在安全范围内，这是因为漓江的游船被整治，减少了石油类污染物的排放。目前漓江的污染物主要有TN、NH3-N、COD、TP等，这说明工业废水经过处理，研究区域的无机污染物和重金属污染得到有效控制。随着桂林社会经济的发展，城市的生活污水也逐渐增多，在农业方面，土地使用大量的有机化肥，使水中的氮污染和有机污染变得更严重。

桂林市环保局检测资料表明，漓江流域上游干流的水质明显比支流好，原因主要是政府的环保政策，对干流的保护力度大于支流。漓江流域上游是有名的风景区，旅游作为桂林支柱产业之一，对水

质要求较高,桂林曾有水质恶化而影响旅游收入的情况出现,这使政府加大了保护漓江干流水环境生态系统的力度。政府目前在漓江干流采取一系列措施保护流域生态环境,例如:不允许建设污染型工厂;保护源头水源林,严禁乱砍滥伐,防止水土流失造成面源污染;加大处理生活垃圾和污水的能力。由于采取了这些有效的保护措施,干流的水环境变优,水体污染情况减轻。

虽然漓江流域上游水质有一定程度好转,但还有不尽如人意的地方:对城市污水和污染物的处理力度不够,许多污水并没有净化就被直接排放到河流中造成污染。如2015年7月有记者在桂林市采访后发现,桂林市的灵剑溪、南溪河等多条内河沿线,生活污水大肆直排,导致内河发白、发黑,水质腥臭,而"黑水"最终又流入漓江。

目前漓江流域上游污水处理的能力低于排污量,污水管道的配置并不合理和全面,污水处理的情况也不乐观,而在上游的乡镇并没有污水处理厂,所以大部分生活污水都直接排入河里。

理论上讲,不同时期干流的水质情况应该是丰水期>平水期>枯水期,主要原因是枯水期水量小,其自身的净化能力相对较低,而丰水期由于水量大,可稀释的污染物也较多。虽然流域水资源较为丰富,但研究区域降雨量年内分布极不均匀,导致枯水期相当漫长,所以在这一时期干流污染情况较为严重。漓江流域上游曾出现丰水期水质比平水期和枯水期更差的情况,原因主要是径流量迅速增加,把沿河的污染物带入河流,流域周边农业生产中所用的农药和化肥造成了面源污染,市区和郊区的养殖业、水产业也造成了一定的有机污染,所以在丰水期,水量增大,污染反而较为严重。

（二）城市污水治理任务重

桂林市国民经济和社会发展统计公报显示，近6年来城市污水处理设施建设情况是：

2010年年末市区拥有污水处理厂5个，城市污水处理率90.4%。

2012年市区拥有污水处理厂5个，日处理污水能力25.5万吨。市区生活垃圾处理厂2个，日处理城市生活垃圾789吨。

2013年城市污水处理厂4个，日处理污水能力25.5立方米，城市污水处理率92.3%。城市生活垃圾处理厂3个，日处理城市生活垃圾860吨，处理率100%。

2014年城市污水处理厂5个，日处理污水41.5万立方米，城市污水处理率98.4%。城市生活垃圾处理厂2个，日处理城市生活垃圾0.12万吨，处理率100%。

2015年城市污水处理厂5个，日处理污水能力41.5万立方米，城市污水处理率90.33%。城市生活垃圾处理厂1个，全年处理城市生活垃圾53.42万吨，处理率100%。

（三）沿江企业与居民的生产生活对漓江生态环境破坏严重

漓江是桂林市生产、生活用水的主要水资源，也是桂林市人民赖以生存的"生命线""母亲河"。长期以来，尽管自治区和桂林市人民政府为保护漓江生态环境做了大量卓有成效的工作，桂林好山好水风采依然，但综观桂林市的环境现状，还存在着漓江供水日益紧张、漓江的保护与受益关系不对等、管理体制形不成合力，以及河道采沙、沿江污水直排等破坏生态环境的行为屡禁不止等问题。近年来，漓江流域发生了一系列危及生态环境的事件，现简列如下：

1.青狮潭网箱养鱼致使漓江水质受到污染

青狮潭水库最早于1958年动工修建,20世纪60年代逐渐建成。它是一座集城乡供水、农业灌溉、防洪补水、旅游观光和发电等功能为一体的大型水库,是桂林市后备水源地,总库容6亿立方米,号称"华南第一湖"。湖水曾经清澈见底,20余种鱼类嬉戏其中,乘船游览,湖面碧波万顷,一望无际。

2011年12月,在青狮潭水库库区水面随处可见一排排网箱,库区水质总磷总氮指标超标,对青狮潭水库及漓江中下游河段水质造成严重影响。

2.漓江灵川段频现挖沙船,使河道面目全非

2011 年,漓江上游灵川段的多处河道出现挖沙船,河道已被挖得满目疮痍,伤痕累累,大量卵石堆在河道上,部分江段几乎断流。漓江河道已面目全非,因挖沙留下的大量卵石堆将江面堵塞,河道几成戈壁滩。

3.非法放置地笼危及生态安全

2011 年 4 月,相关部门在漓江约一平方公里的水域收缴近百个地笼。这种掠夺性的捕鱼方式,在彻底破坏漓江鱼类资源的同时,也必然会断送漓江渔民的生计。

4.漓江沿岸无序烧烤,垃圾遍地

漓江边烧烤者随意丢弃垃圾的行为,多次引起公愤。江边的石头已被熏黑,食物残渣满地,一次性筷子、竹签、小刷子、果皮、纸屑随处可见。

第二节　政府部门大力整治污染漓江现象,大力开展保护漓江工作

漓江的美首先得益于多年来从中央到地方对漓江生态的接力保护。1960 年,周恩来同志指示在漓江两岸种植凤尾竹。种植凤尾竹不仅改善了漓江的生态环境,还为漓江增添了美感,凤尾竹最终也成为 20 元人民币的背景之一。1973 年,邓小平同志游览漓江时说:"如果你们为了发展生产,把漓江污染了,把环境破坏了,是功大

于过呢,还是过大于功? 搞不好,会功不抵过啊!"

习近平同志多次表示:"漓江不仅属于桂林人民,属于广西人民和全国人民,也是属于世界的,你们一定要很好地去呵护它。"光阴荏苒,桂林市领导换了一届又一届,但"青山绿水也是政绩"的"绿色政绩观"却从未改变,保护漓江的"接力棒"也在一站站往下传。

一、政府部门开展多项举措大力整治污染漓江现象

(一)《漓江流域生态环境保护条例》的出台和实施

《广西壮族自治区漓江流域生态环境保护条例》是我区第一部综合性的生态环境保护法规,其内容丰富,涉及面广,共九章八十一条,主要包括保护范围、保护规划、植被保护、水资源保护、景观保护、开发利用、监督检查、法律责任等内容。对植被保护、水资源保护、景观保护等进行了立法,严禁在漓江重点保护河段、河堤、河滩、洲岛经营餐饮业,严禁生产、销售和在经营中使用一次性发泡餐盒、不可降解塑料袋等物品,让白色污染远离漓江。

《广西壮族自治区漓江流域生态环境保护条例》包含内容较多,但具体措施较细,如:漓江流域居民可享受生态补偿,漓江及支流河段禁止挖沙,南洲岛、蚂蟥洲上不能开餐馆,漓江徒步线路受限,保护不力要对相关人员进行行政问责,游客丢废弃物最高可罚500元等。

(二)政府就漓江城市段排污综合治理打响攻坚战

2015年8月,着眼于桂林发展全局,考虑到建设桂林国际旅游胜地的发展目标,新一轮漓江保护工程启动。为此,桂林市委、市政府列出了一张沉甸甸的治理清单:首先将投资约4.6亿元开展漓江

（城市段）排污综合治理项目，拟新建管网约 42.45 千米，护河堤约 4 千米，泵站 6 座，临时泵井 23 座，清淤河道长度约 8.2 千米。长期为市民所诟病的排污重灾区王家碑片区、六狮洲及上关村片区、临江下里片区、下关村片区、八里四路、瓦窑村等 46 个片区一一在列。此外，桂林市东二环路（合心村段）、环城北二路（三联村片区）等 6 处排洪沟清淤疏浚工程也一并实施。除了以上漓江流域环境综合整治外，还将陆续推进漓江补水及水源地建设、漓江沿岸城乡风貌改造、旅游配套设施建设、漓江智能化管理建设、漓江游船提升改造工程。①

（三）大力整治污染漓江的违法行为

在开展保护漓江的行动中，华南环保督查中心带领桂林市、县监察人员对全市企业进行了全面检查，共出动环境执法人员 8000 余人，检查排污单位 2600 余家，共查处违法排污企业 385 家，整改企业 274 家，停产整治企业 101 家，关停取缔企业 31 家，淘汰落后产能企业 18 家，移送公安司法机关 1 家，行政处罚 206 件，处罚金额 850 万元，有力打击了环境违法行为。2015 年，据环保部的漓江流域卫星监测，在已确认的 43 家采石场中，有 22 家位于漓江风景名胜区的禁止开发"红线"范围内，全部位于桂林市区和阳朔县辖区，其中有 2 家位于漓江风景名胜区的核心区域，20 家位于漓江风景名胜区的控制协调区。桂林市环保局一位负责人介绍，其余 21 家采石场位于"红线"范围外，但也属于漓江流域。为此，桂林市政府再次加大打击力度，依法责令漓江风景名胜区内的 22 家采石场全面停产并予以

①桂晨.漓江城市段排污综合治理打响攻坚战［N］.桂林日报,2015-8-14.

取缔。凡违反规定擅自审批采石场等建设项目的,将按相关法律法规严肃追究当事人责任。

二、政府部门采取多种措施开展漓江保护和预防工作

外国元首对漓江的赞美、国家领导人对保护漓江工作的重要批示、国家相关文件的出台、"保护母亲河行动"的全国浪潮、漓江枯水期变长及水量减少导致漓江上的游船行程缩短,以致旅游业受影响等,使桂林市委、市政府十分重视漓江的保护、开发和利用。

作为全国重点风景游览城市,桂林的城市规划对风景名胜和历史文化的保护起着至关重要的作用。桂林的城市建设总体规划需要经国务院批复后才可以实施。漓江风景名胜区也是国务院审定的全国第一批重点风景名胜区,其总体规划建设的指导思想是"保护中理性发展和发展中有效保护",基本原则有:保护优先原则、科学发展原则、系统协调原则、重点有序原则、可操作性原则和前瞻性原则,坚决贯彻"科学规划、统一管理、严格保护、永续利用"的方针。

一是大力宣传营造漓江保护的氛围。例如,政府相关部门借助大型节日等将漓江保护与旅游宣传活动相结合。如 2001 年桂林市人民政府举办了"桂林国际环保与旅游活动月",以"山青、水秀、城美"为主题,包括摄影大赛、刘三姐桂林旅游形象大使选拔赛、高新农产品交易会、旅游资源及旅游产品博览会等。2010—2017 年,"保护漓江生态环境我行动"已举办了八届,大量志愿者参与,放生鱼苗超过 80 万尾。

二是推动公共服务设施的环保化。桂林市率先在全国推进旅

游公厕建设。2001年,举办了"国际大学生建筑设计竞赛——21世纪城市公厕方案设计""全国旅游厕所建设与管理研讨会"等。桂林在全国率先开展"厕所革命",截至2001年,改建并免费开放厕所800余间。"厕所革命"一直未断,2014年以来桂林市旅游厕所提升改造、新建工程在全市铺开;厕所改造的艺术化、人文化在全国引人关注;漓江流域农村厕所改造稳步推进,受到了自治区党委领导、中华人民共和国文化和旅游部相关领导的高度肯定。

三是植树造林,实施"漓江百里生态示范带建设"等漓江流域的专项环保工程。根据国家林业局的指示,应桂林市林业局邀请,北京林业大学组织专家于1999年11月开始《广西桂林漓江流域绿化工程总体规划》的编制工作。之后政府相关部门划拨资金逐步将绿化工程付诸行动。漓东百里生态示范带建设的理念于2014年年底被首次提出,于2015年2月完成总体规划,规划范围全长约53公里,涉及雁山、灵川、阳朔三县(区)的草坪、大圩、兴坪三乡镇和沿线9个村委会,规划深入贯彻美丽山水、生态田园、浪漫古镇、活力漓东的规划理念,充分利用好大圩、草坪、兴坪3个节点,形成"一带三心"的空间布局,在充分尊重自然、合理利用现有生态条件的基础上,实施好生态绿化、污水处理、交通基础设施建设、名镇名村保护、旅游设施配套等工程。依托百里漓江这一经典旅游线路,利用好良好的生态环境,优美的自然风光,基础良好的农业产业化,丰厚的文化底蕴,以及三个桂林市首批城镇化示范乡镇,打造出集生态绿化、现代农业、漓江保护、古村镇保护、休闲旅游等多个特色示范区为一体的生态示范带,整个工程拟分1—3年逐步实施。截至2017年年初,示范带针对的交通、生态(农业、绿化)、村庄风貌改造、旅游设施工程、水利设施工程、污水垃圾处理等6大基础设施工程55类项目建设已全面铺开,总投资约9.2亿元,已完成投资5亿多元,其中绿道步道、道路改造提升、旅游驿站、村庄绿化与立面改造、农业示范工程等完成率较高,已初见成效;水利设施工程、污水垃圾处理工程、旅游设施工程按时间节点倒排计划有序推进。① 2016年5月以来,桂林市采取了场地平整、边坡治理、挂网等措施整治采石场生态破坏问题,投入资金约3亿元,关停漓江风景名胜区内21家采石场,山体重披"绿装"。

四是推动绿色生态旅游和漓江流域生态农业的发展。漓江绿色生态游成了桂林市重点打造的旅游项目和旅游方式之一,漓江溯源之旅、渔村生态之旅、漓江人文历史之旅等相继展开。1999年有关部门和群团组织还以沼气建设为纽带,大力发展"养殖—沼气—种植"三位一体的生态农业,改善了农村的卫生状况,做好了荒山、村庄的绿化美化工作,抓好了农村的改灶、改厕、改猪牛栏、改房、改水、改路的试点和推广工作。②

2017年对于桂林的生猪养殖户来说是值得记住的一年。

2016年底,桂林全面启动中心城区畜禽养殖污染整治工作,确定整治工作分三期展开,中心城区禁养红线范围内的畜禽养殖场(户)将会被分批关停整治。2017—2018年,这一政策在中心城区和漓江风景名胜区沿岸得以落实。这一政策的落地意味着我市开启

---

① 张力丹等.关于提升漓东百里生态示范带软实力建设的提案[Z].桂林市2017年政协提案.
② 广西团区委青农部.青农工作信息[Z].1999(3).

以环保为门槛的时代,畜禽养殖业将面临拐点。此外,市委市政府2017—2018年专门对在漓江与漓江沿岸乱建、乱挖、乱养、乱经营等破坏漓江生态环境的行为进行了整治,向"四乱一脏"宣战。以象山区为例,2017年,该区专门成立了漓江风景名胜区综合执法大队,联合区城管大队共依法拆除漓江沿岸鱼餐馆25家,取缔、清理养鱼网箱38个,收缴渔网地笼453条。

每年游览漓江的游客数达百万人次,漓江游船对漓江环境的影响巨大,为此,20世纪80年代起桂林市就对漓江游船的环保技术进行攻关,包括:游船厕所密封化,粪便集中抽运不得排入江中,垃圾集中清运,游船靠岸后卫生部门对每艘船垃圾交运情况进行登记;对游船机动系统进行改造,防治油渗漏入漓江;等等。①

桂林美化山水城,建设园林城,发展生态城,显山露水,连江接湖,开墙通景,取得了一些成果:空气质量优良;截至2001年,全市绿化覆盖率达36.4%,人均绿地面积近7平方米;连续几年在全国重点城市环境综合治理定向考核中名列榜首。②

五是引导和带动漓江流域农村生态文明建设工作。桂林市相关政府部门和群团组织在积极引导社会各界参与漓江保护的同时,推出了"保护母亲河行动"的系统性综合工程。如桂林市政府相关部门和群团组织开展了创建"生态文明示范村"工程,通过兴建沼气池、铺设公路、改水改厕、开发环保能源、减少砍伐树木,改善乡村卫生条件,避免村庄人畜污水排放污染漓江。此外,还通过兴建图书

---

①庞铁坚.漓江[M].广州:广东人民出版社,2010:106.

②桂林市人民政府.桂林国际环保与旅游活动月材料[Z].2001.

馆、"三下乡"服务队进村宣传等宣传和咨询服务,提高了村民素质和环保意识。例如 2000 年 7 月 4 日,灵川县大圩镇下读礼村成为第一个创建示范村,23 所大中专院校与该村 29 户村民结成了共建生态文明示范村"对子",相继开展了农业科学技术和现代科技讲座、卫生义务诊疗、送文化下乡等活动,帮助该村建造沼气池,改变了这个村子长期靠砍树烧柴作生活燃料的状况①,保护了漓江的生态。

六是大力做好车辆尾气污染的预防和整治工作。近年来,桂林市区新增自动清扫车、高压冲洗车等各类防尘车辆 146 台,对全市 200 辆建筑垃圾运输车辆进行密闭化改装,为全市 186 家砖厂安装了脱硫防尘环保设施,完成了 114 家加油站、4 个加油库、22 台汽油油罐车的改造任务,为较大规模的餐饮公司安装、更换油烟净化设备 200 多套,淘汰黄标车及老旧车 8678 辆。此外,桂林下属各县区新增空气质量自动监测站点 17 个,2016 年 3 月正式启用。

七是新建一批漓江补水工程。为了给漓江补水,在漓江上游正在建设斧子口、小溶江及川江三座水利枢纽工程,总投资达到 40.47 亿元。三座新水库的建设换来的是合计 4.38 亿立方米的总库容,相当于大幅度增加了流域水量调节能力,与早期建设的青狮潭、五里峡、思安江三库调度运行,成为漓江补水的骨干工程。

因为漓江属山区丘陵雨源性河流,降水和径流时空分布不均,每年的 9 月到次年的 2 月干旱少雨,形成了长达 6 个月的枯水期。秋冬季节漓江水量锐减,水位更低,河床几乎全部裸露,漓江几乎变成"漓沟",漓江城区河段水面景观消失,美丽的漓江风光黯然失色,

①共青团桂林市委.桂林市保护母亲河漓江行动工作总结[Z].2001-10-30.

极大地影响了桂林山水城市的美丽形象和旅游发展,生态环境也遭受极大破坏。为此,2014 年,"桂林市两江四湖环城水系三期漓江壅水工程"被列入市人民政府第二批重大项目。2018 年春,项目一期工程完工,实现了 2018 年春节临时蓄水目标。

2018 年 1 月 17 日,斧子口水库正式下闸蓄水,赵乐秦等四家班子领导出席总体工程完工总结暨后续工作部署会,这标志着桂林市防洪及漓江补水枢纽主体工程全面完工。工程的完工将对改善漓江生态环境,解决制约我市经济社会可持续发展的水资源安全问题具有重大意义。桂林市防洪及漓江补水枢纽工程由斧子口、小溶江、川江等三座水库组成,总占地面积 37 024 亩,总库容 4.38 亿立方米,概算投资 55.02 亿元,主要功能是城市防洪和漓江生态环境补水,兼顾发电、灌溉,实现水资源综合利用。作为桂林市防洪工程体系的重要组成部分和漓江生态补水的重要水源工程,这三座水库与其他水库和城市堤防工程联合运用,可使桂林市的防洪标准由不足 20 年一遇提高到 100 年一遇;可使漓江桂林断面河道枯水期流量补充到每秒 60 立方米,对改善漓江生态环境、通航条件和自然景观,解决制约我市经济社会可持续发展的水资源安全问题具有重大意义。[①]

2015—2018 年以来,在市委市政府的坚强领导下,漓江及漓江周边生态环境治理卓有成效。

第一,在漓江治理和保护方面,健全了机构设置,加强了领导。

---

① 周绍瑜.桂林市防洪及漓江补水枢纽主体工程完工 http://www.gxnews.com.cn/staticpages/ 20180118/newgx5a600bb1-16853252.shtml

2015年4月挂牌成立了中共桂林漓江风景名胜区工作委员会和桂林漓江风景名胜区管理委员会,作为市委、市人民政府派出机构牵头抓总和统筹协调漓江风景名胜区的保护、利用和管理等工作,着力破解长期制约漓江保护和发展的各项难题,在漓江风景名胜区生态环境保护、环境综合治理、旅游服务品质提升方面取得了尤为明显的成效。

第二,在市委市政府的坚强领导下,大力实施一系列漓江综合治理与生态保护工程。譬如继福隆园、塔山片区城中村改造之后,漓江市区段旁的新生街片区改造拉开序幕:位于穿山路以西、訾洲公园和訾洲河以北的新生街片区改造工程一经发布即引发市民热议。又如漓江干流、支流主要污染源截污处理推向纵深,漓江沿岸畜禽养殖得到有效治理;漓江沿岸曾被采石损毁的场地开始萌生绿意。再如,在完成30年来首次漓江游船全面提档改造、96艘星级游船投入运营之后,2017年节能环保性能突出的五星级漓江游船呼之欲出。目前漓江精华段新建的星级游船中,70%以上游船采用低排放电控高压共轨动力系统,漓江精华段星级游船的提档改造,有效减少了污染物排放。

第三,2017年5月,《桂林漓江旅游客船污染物监督管理规定》出台,这使得游船污染物的排放监督管理有了“准绳”。2017年12月底,全市江河湖库全面建立河长制,形成覆盖市、县区、乡镇、村四级的河长体系,共落实县级以下河长2912名。从2013年启动实施的漓江综合治理与生态保护工程纳入了每年全市的重中之重项目加以推进,取得了明显成效。漓江城市段截污工程总投资近5亿元,现已基本完工,桂林市城区污水处理率由工程实施前的93%增长到现在的97%以上;全面完成漓江城市段住家船清理整治,共投入资金2632万元,迁移清理住家船161艘,妥善上岸安置112户;完成漓江城市段及其支流网箱养鱼的清理整治,减少了渔业养殖对水体造成的污染,促进了漓江流域生态环境的可持续发展。

第四,建立漓江保洁长效机制。桂林市建立了专业化的保洁队伍,拨付专款用于对漓江的水域、岸滩、洲岛进行全天候、不间断保洁服务,实现公司化专业保洁,推动建立长效机制。

第五,切实加强了漓江水源林保护。有关部门广泛开展植树造林活动,启动了"绿满八桂"造林绿化工程、漓江两岸"绿化、彩化、花化、果化"工程及珠防林、退耕还林、石漠化治理、森林抚育、造林补贴试点等重点林业工程。

综上所述,党的十八大以来,桂林市委市政府开展的一系列触及根本、惠及民生的漓江生态保护开发的"桂林行动",推动漓江保护利用步入科学化、法治化、规范化、长效化轨道,使漓江焕发出无限魅力。桂林市政府努力践行着"绿水青山就是金山银山"的思想和"绿水青山就是最大政绩"的理念,依法科学治理漓江,坚持保护与发展并举,加强漓江流域的生态文明建设,创新漓江治理体制机制,使漓江的生态环境保护卓有成效。

诚如桂林市委书记、市人大常委会主任赵乐秦在漓江风景名胜区就漓江保护利用管理进行专题调研时指出的那样:漓江是上天赐予我们最宝贵的财富,是我们最赖以生存、引以为豪的"传家宝"。必须进一步增强做好漓江保护利用管理工作的责任感、紧迫感、使命感,加大保护力度,提升管理水平,让母亲河漓江更具品牌价值,产生更好的生态效益、经济效益和社会效益,为桂林国际旅游胜地建设增光添彩。[①]

第三节　共青团桂林市委员会系统实施"保护母亲河行动"成效显著

1999年,团中央、国家林业局、国家环保总局等部委为贯彻江泽民总书记关于治理水土流失、改善生态环境的重要指示,在全国青少年中开展了"保护母亲河行动",目的是动员青少年以及全社会投身于生态保护和建设的伟大事业,努力再造山川秀丽的锦绣中华。1999年以来,共青团桂林市委员会按照共青团广西区委的部署和要求,深入开展"保护母亲河行动"。为了更好地保护漓江,桂林市成立了"保护母亲河"领导小组,由市委分管领导担任领导小组组长,办公室设在团市委,指定专人负责此项工作。共青团桂林市委员会还多次召开专题会议部署在各地的主要工作,建立完善了资金管理制度,制定了资金管理办法。共青团桂林市委员会以教育青少年、影响全社会为目的,整合社会资源,扎实推进各项工作,取得了较大的成效,为建设山水甲天下的新桂林做出了贡献,被授予"全国保护

①赵忠洪,赵乐秦.保护漓江责任重大任务艰巨使命光荣 http://www.gx.xinhuanet.com/guilin/20160602/3182664_c.html

母亲河行动"先进集体称号。其主要举措和成效如下。

一、引导公众树立"世界只有一条漓江"的旅游环保理念

共青团桂林市委员会制定详细的宣传计划,在市区内各报刊、电台、电视台进行大力宣传,利用"保护母亲河"宣传挂图,在社区、学校、单位和公共场所进行生态教育,通过宣传画、招贴画、夹报广告等方式进行宣传。每年通过3月份的学雷锋活动、青年志愿者行动、植树护绿行动和不定期的"为漓江洗脸"等活动,为"保护母亲河行动"起到很好的宣传效果,树立了"世界只有一条漓江"的旅游环保理念。

二、共青团桂林市委员会积极拓展漓江保护的善款募集渠道

首先,桂林市委、市政府、市人大、市政协主要领导带头捐款。其次,通过缴纳特殊团费、少先队员捐款、青年文明号捐款、青年企业家捐款等渠道形成了多层次、多方面的筹资渠道;开展1+1绿树认养、认捐管护林地等活动。2000—2002年,共青团广西区委还组织开展了"持保护母亲河工程卡,建八桂青少年世纪林"系列活动。2000年下半年,共青团桂林市委员会在落实中设计了集多种功能于一体的"保护母亲河漓江行动卡"100万张,向"保护母亲河行动"捐款的公众每捐款10元即回馈其一张纪念卡片,4年共募集善款50多万元用于漓江保护。

共青团桂林市委员会发动公众参与漓江保护取得了显著成效。2001年7月24日,一位头发灰白的老先生来到桂林山水大酒店,寻

找桂林市保护母亲河"漓江行动"办公室。他是区干休所的陆文中老先生，讲话吐字已经不是很清楚了。别人问他："老人家，您找哪里呀？"陆老嘴里念道："为漓江种植一棵树，捐10元钱，我为漓江种植一棵树。"后来才了解到他是一位老红军，如今八十多岁了，老家在长江边，1999年长江发大水，他捐了500元，从小在长江边长大的他知道洪水的厉害和环保的重要性。陆老退休后在桂林养老，深知桂林山水的美丽，也想借这个机会为桂林的环境保护出一份力。

此外，希望工程办公室每个月都会收到一张汇款单，那是一直坚持为希望工程捐款的李向群班的战士们寄来的。他们有时邮寄90元，有时邮寄100元，那都是他们省吃俭用节约出来的。他们来自五湖四海，把驻地当故乡，把漓江当作自己的母亲河；他们以李向群为榜样，也用实际行动参与到了漓江的治理和保护中。①

其他感人的故事还有：将要出国定居的市民张红义、宋桂英，在临行前来到团市委办公室，为保护母亲河漓江各捐款100元；香港和澳门青年代表积极捐款保护漓江；每年桂林市民和游客参与的"为漓江洗脸"活动人数达3000人以上。经过近1年的努力，共募集50多万元善款用于在漓江边种植生态林。

三、设立冠名林和纪念林

共青团桂林市委员会引导社会各界在漓江两岸设立了中华民族林、世界万国林、世界名牌大学林、中国名牌大学林、香港林、澳门

---

① 桂林市保护母亲河"漓江行动"领导小组办公室编.保护母亲河"漓江行动"简报第1期[Z].2001-11-15.

林、台湾林、成年纪念林、共青团林、红领巾林、名人林等，任何捐款10万元以上的单位和个人都可认植成片纪念林并单独冠名。如荔浦县1989年在大蒲领植青年林15亩，2001年在马岭镇周善村植世纪林25亩；1992年龙胜县在十二郎山植青年林35亩；2002年恭城县林业局建设水保林200亩；2001年灵川县建设磨盘山生态工程林300亩，2002年再建设桂林青年漓江生态林300亩。①

磨盘山是中外游客游览漓江的必经之地，距磨盘山码头1公里，属于石灰岩石山类型，年均相对湿度76%。受地形地貌和各种因素影响，石漠化的磨盘山地区植被较少，生态环境脆弱，影响了漓江秀丽的风光，而且容易造成水土流失。为此，2002年，共青团桂林市委员会使用50万元公众捐款，实施了保护母亲河"漓江行动"磨盘山生态林工程项目，在磨盘山上栽种了面积达300亩的桂林漓江世纪青年林，树种以石山树种任豆、垂柏为主，以桃树、丛生竹为辅，提高了漓江水质，改善了生态环境。② 后来，共青团桂林市委员会根据适地适树、因地制宜、乔灌搭配、封育结合、最大限度保留原有灌木的原则，在大圩镇敢兴村附近的磨盘山上再次投资35万元，种植了总面积28公顷的生态林。③

2004年，澳门青年聚集在阳朔县漓江边，开展澳门青年林的植树活动。2005年3—5月，共青团桂林市委员会联合市园林局、林业

---

①源自保护母亲河地方恭城建设情况调查表，共青团桂林市委员会提供。

②共青团桂林市委员会."保护母亲河行动"总结(全国保护母亲河行动集体成就奖申报材料)[Z].2004.8.

③共青团桂林市委员会.保护母亲河"漓江行动"磨盘山生态林工程项目简介[Z].2002-2-5.

局在漓江沿岸和漓江源头分批分期建立了桂林生态环保示范工程林,组织青年志愿者栽下石山榕、枫香等10000多株,创建了广西师范大学等四个"共青林",成活率88%。2007年团市委再次组织了"永远的青春,永远的绿色"2007年桂林共青团绿化行动,在万福路野猪山种植4000株树苗。2007—2018年,桂林团市委组织市民、共青团员、游客等不断地开展植树造林活动,漓江两岸满是爱的足迹,每年年均种树约100万株,参加植树的青年和市民有20多万人。

四、积极开展保护漓江的环保教育

1999年4月22日,桂林开展了声势浩大的"绿色大行动",全市中小学都上了一节环保课,并举行了誓师大会。[1] 2000年,共青团桂林市委员会发起了"重塑漓江绿色画廊,再扬桂林山水美名"——保护母亲河之"漓江行动"。2001年,为了落实国务院《关于环境保护若干问题的决定》和《广西"九五"环境宣传工作计划》,共青团广西区委、广西环保局、广西总工会发起了全区青少年"保护母亲河,决战污染源"环保科普知识比赛。2004年,共青团桂林市委员会发起了纪念3月22日"世界水日"的大型宣传倡导活动。2004年,广西壮族自治区党委机要局发文要求各地落实《关于以"同饮一江水,同护母亲河"为主题掀起2004年保护母亲河行动春季热潮的通知》。

此外,还命名了一批"保护母亲河"青少年示范性教育基地;策划了"漓江绿色大使"评选活动;在漓江沿岸村镇创建"青年生态文明示范村",兴建沼气池,改水改厕,提高村民环保意识;计划开通

---

[1]共青团广西区委青农部.青农工作信息[Z].1999(3):1.

"漓江绿色网站"①,传递活动信息。2005 年 4 月,共青团桂林市委员会在全市中小学开展了"四个一"活动——发放一份倡议书,学习一篇课文,举办一次知识竞赛,开展一次征文比赛,以唤起广大青少年对漓江的热爱。2005 年 7 月,共青团桂林市委员会在全市 198 艘青年文明号游船上开展了以一段解说词、一句温馨的提醒、一条环保标语、清理一段河道、联系一个村屯为主要内容的"五个一"青年文明号环保系列活动。桂林市卫校一直以来积极开展漓江保护活动,他们把象山公园作为高校青年志愿服务教育基地,定期清扫垃圾,清理漓江边的漂浮物。2001 年 4 月,学校举行了"绿色希望工程——保护母亲河工程卡"发放仪式,全校师生共认购 2577 张,募集善款 25770 元。② 2012 年以来,桂林团市委通过"保护母亲河"行动、共创文明城、"美丽桂林·宜居乡村"等活动开展了一系列的环保教育,提升了市民的环保意识。

通过环保教育,漓江流域居民保护漓江、保护野生动物的观念得到了内化。例如,兴安县华江瑶族乡洞上村村民赵兴明在村边田垌发现一只从猫儿山自然保护区跑下来的野生黑熊,正被多条狗围攻,他连忙赶开狗,冒着生命危险,想办法将小熊保护起来,并报告了管理局,后保护局将黑熊治愈后才将其放回自然。③

---

①共青团桂林市委员会.重塑漓江绿色画廊,再扬桂林山水美名——保护母亲河之"漓江行动"实施方案;青青漓江网项目策划书(讨论稿)[Z].2000,8.

②桂林市保护母亲河"漓江行动"领导小组办公室编.保护母亲河"漓江行动"简报第 1 期[Z].2001-11-15.

③猫儿山自然保护区.保护漓江源,共建绿色家园——广西桂林蒋得斌参加全国第三届"母亲河(波司登)奖评选申报材料"[Z].2004;3.

五、积极组织公众参与鱼苗放生、环境监测等活动

为了丰富漓江鱼种,2005 年 4 月 22 日,共青团桂林市委员会组织全市百名中小学生及老年志愿者代表、卫校学生代表、安利公司营销代表等在漓江边开展投放鱼苗活动,活动共放入鱼苗 6 万尾。其他县区团组织也开展了类似的主题活动,改善了漓江流域的生物链,净化了漓江水质。

此外,共青团桂林市委员会还协同市内高校,多次组织漓江流域生态调查、科普活动、法律宣传、研究互动等,在漓江流域建立了12 个生态监护站,公布生态监护热线,定向公布生态公告①,倡导树立生态文明意识。共青团在"保护母亲河"行动中积极发挥了生力军和突击队的作用,在桂林经济社会可持续发展中做出了应有的贡献。

人民群众是保护漓江的重要力量。经过多年的环保教育,保护漓江的理念已经深入人心。生态环境污染的现象一经发现就被市民向相关部门举报,仅 2007 年,全市环保系统受理的群众来访来信就有 2514 件。

2012 年以来,桂林团市委联动有关政府部门、群团组织、高校、社会组织等,组织市民参与漓江保护行动,实现了公众参与漓江保护的组织化、专业化、常态化、项目化。

---

①共青团桂林市委员会.打造"永远的青春,永远的漓江"保护母亲河行动工作品牌(全国保护母亲河行动)先进材料[Z].2005-11-16.

六、发动企事业单位积极参与漓江保护工作

自 2001 年 6 月 5 日以来,桂林市委、市政府下发了《关于印发桂林市保护母亲河"漓江行动"实施方案的通知》,共青团桂林市委员会等引导企事业单位参与漓江保护的行动中涌现出许多感人的事迹。

在保护漓江的众多案例中涌现出了猫儿山自然保护区、漓江古东瀑布等优秀典型案例。如漓江古东景区有专兼职生态环保小组 40 多人,搜集了 100 多种生态、森林、环保资料,成为广西首家生态环保基地。①

此外,猫儿山自然保护区创新思维,有效地做好了漓江水源的保护工作。猫儿山自然保护区地跨桂林市境内的兴安、资源、龙胜三县,辖区面积 17008.5 公顷,主要保护对象有:亚热带原生性常绿阔叶林森林生态系统,受国家保护的珍稀动植物,漓江、资江、浔江水源涵养林。据综合考察,目前发现保护区内有维管束植物 2120 种,其中有属国家一级保护植物的红豆杉、南方红豆杉、银杏、香果树等;保护区内有野生动物 311 种;发端于保护区的大小河流 39 条,其中流入漓江的有 19 条,受益县区有桂林市区、兴安、资源、龙胜、阳朔、平乐等及其下属的 30 多个乡镇 100 多个村庄,耕地 32 万平方公里,

---

①共青团桂林市委员会.漓"保护母亲河行动"总结(全国保护母亲河行动集体成就奖申报材料)[Z].2004.8.

人口上百万。① 猫儿山自然保护区素有"五岭极首,华南之巅""漓江的心脏""桂林山水的命根子"之称,连接着长江和珠江两大水系。保护区内的珍稀植物如铁杉、红豆杉、银杉等属于国家一级、二级保护植物,树龄在100—600年的有300多株,古铁杉2000多株,保护区内还发现了树龄超过1000年的"铁杉王"。

漓江的治理和保护必须从水源处开始。猫儿山自然保护区围绕"保护猫儿山,保护漓江源,保护森林资源和生态资源",开展了有效的生态保护工作。1998年猫儿山自然保护区加入"中国人与生物圈保护区网络",2000年猫儿山自然保护区被命名为"全国保护母亲河行动生态教育基地"。2002年,猫儿山自然保护区工作人员协同公安部门驱车2000多公里将破坏森林资源犯罪在逃的马某追捕归案。2003年1月,猫儿山自然保护区被国务院批准晋升为国家级自然保护区。2003年12月,保护区又开展了为期1个月的"老山界守护神"冬季反盗猎大行动。2003年12月,猫儿山自然保护区别出心裁地推出替珍稀植物找"父母"的活动——向全社会发起征集猫儿山珍稀植物认养人活动,截至2004年,有7个省、自治区的书画家20多人参加活动,年龄最大的83岁,最小的18岁。

2004年,猫儿山自然保护区又成立了保护母亲河森林防火专业队。2005年,保护区开展了青年志愿者防护林工程、志愿者认养珍稀植物工程,通过绿色志愿者网站,在全国范围内搜集保护漓江水源林的良言、良计,通过评选"猫儿山绿色大使"等活动吸引志愿者

①猫儿山自然保护区.保护漓江源,共建绿色家园——广西桂林蒋得诚参加全国第三届"母亲河(波司登)奖评选申报材料"[Z].2004:2.

参与漓江水源保护工作。^①此外,自然保护区还印制了 2 万册《野生动植物基础》《生态教育 100 问》《生态记事簿》和 4000 多张宣传光碟;多次与地方教育局和学校合作举办保护母亲河行动主题征文、书法大赛等;创作了《四大妈赶圩学法》《"非典"防治与保护野生动物》等 10 多部曲艺剧本、快板词等;创作了《法中情》等 50 多个曲目;发动 40 多个协会会员深入村屯,以群众喜闻乐见的彩调、小品、快板、演唱等方式巡回演出 100 多场。^②

2005—2018 年,在桂林团市委的影响下,企事业单位参与漓江流域生态保护成为常态,公众参与漓江保护进入低龄化、常态化、信息化和法治化阶段。

七、积极引导国际友人参与漓江保护

美丽的漓江属于世界,让世界都来关心漓江的美丽,有助于保护工作的开展。1998 年联合国决定把桂林定义为世界自然和文化遗产城市,这一行为使桂林为全人类所关注。1998 年 7 月,美国总统克林顿访问桂林,在七星公园发表了关于生态环境保护的演讲,使桂林生态环境保护的工作具有了世界性的意义。1999 年 10 月,亚太地区议员环境与发展大会第六届年会在桂林召开,会议上签署了著名的《桂林宣言》。

---

①共青团桂林市委员会.打造"永远的青春,永远的漓江"保护母亲河行动工作品牌[Z].2005-11-16.

②猫儿山自然保护区.保护漓江源,共建绿色家园——广西桂林蒋得斌参加全国第三届"母亲河(波司登)奖评选申报材料"[Z].2004:7.

2001年3月3日,国际青年志愿者漓江生态保护站在桂林正式挂牌成立,工作站由专人负责,统一协调。① 2001年11月5日,桂林市人民政府在磨盘山码头举办了国际青年"绿色漓江行动推进会",同时还举办了"国际青年漓江绿色行动",不同国家、不同肤色的青年600多人聚集在漓江两岸,开展了认购绿色希望工程卡和认植冠名林等公益活动。② 在广西师范大学任教的美籍教授拉弗·萨缪说:"我爱世界上所有的河流。漓江是非常美丽的河流,很高兴看到桂林正在积极地保护自己的母亲河,保护生态环境。今天能与桂林青少年一起举办这个活动,我十分高兴。"③此外,共青团桂林市委员会还组织开展了"漓江国际夏令营"活动,面向世界招募营员,目的是把世界各地的青少年吸引到漓江来,参与漓江保护④。

漓江是世界的漓江,漓江保护也呈现出国际性的特点。参与漓江保护的外国人有国家元首、入境游客、留学生、外教、环保主义者等,呈现出跨国联动、专业化的特点。

---

①共青团桂林市委员会.广泛宣传发动,精心设计主题,把保护母亲河"漓江行动"不断引向深入[Z].2004-8-23.

②桂林市人民政府.桂林国际环保与旅游活动月材料[Z].2001.

③桂林市保护母亲河"漓江行动"领导小组办公室.保护母亲河"漓江行动"简报第1期[Z].2001-11-15.

④共青团广西区委青农部编.广西青农[Z].2003(3):7.

八、引领环保公益类社会组织和爱心企业参与漓江保护工作

(一)携手桂林银行设立漓江保护专项基金,每年开展保护漓江活动

2007年,共青团桂林市委员会、桂林银行、桂林日报社共同发起成立"保护母亲河——漓江环保基金"。桂林银行承诺,客户持漓江卡在POS机上刷卡消费一次,该行就从手续费收入中捐款0.1元注入该基金,截至2017年已捐赠超过336万元。"保护母亲河——漓江环保基金"通过各种渠道,广泛吸纳社会资金,推广与漓江相关的有益于青少年身心发展的各类活动,受到社会各界的广泛好评。

2015年6月6日,桂林银行联合共青团桂林市委员会开展了"2015年保护母亲河漓江环保基金捐赠、生态考察徒步活动暨桂林青少年保护漓江大型公益行动"。活动中,桂林银行、广西中源山泉有限公司向"保护母亲河——漓江环保基金"捐款40万元,并放生40万尾鱼苗。市领导,共青团桂林市委员会、桂林银行领导,100多名青年志愿者,桂林银行180多名贵宾客户,以及桂林多家媒体记者参加了此次活动。[1]

2015年5月28日,由桂林银行联合共青团桂林市委员会开展的"珍爱美丽漓江,建设胜地桂林"漓江环保基金捐赠暨绿色长征公益健走活动在象山公园举行,来自社会各界的人士以及青年志愿者共同放生鱼苗,66万尾鱼苗被放生到漓江。桂林银行董事长王能代

---

[1]文烨.:2015年漓江环保基金捐赠及生态考察徒步活动侧记[N].2016-6-10,http://gx.people.com.cn/n/2015/0721/c372472-25664543.html

表桂林银行向"保护母亲河——漓江环保基金"捐赠 40 万元,广西中源山泉有限公司捐款 5 万元,这些款项全部注入漓江环保基金。[①]

　　2017 年 5 月 20 日,由桂林银行、共青团桂林市委员会共同举办的"保护漓江母亲河·共创全国文明城"2017 年"保护母亲河——漓江"环保基金捐赠暨鱼苗放生、公益健走活动在桂林举行,启动仪式由桂林银行副行长张先德主持,300 多人参加此次活动。桂林银行每年都通过各种形式积极参与社会公益活动,用实际行动回报社会,承担起桂林银行作为地方企业支持地方发展的社会责任。桂林银行董事长王能代表桂林银行向桂林青少年"保护母亲河——漓江"环保基金捐款 45 万元。少先队员代表在启动仪式上,向全市青少年发出"保护漓江母亲河、共创全国文明城"的倡议。启动仪式结束后,300 多名环保志愿者和桂林银行客户在桂林的冠岩景区进行了旨在促进漓江生态环境建设的鱼苗放生活动,40 万尾鱼苗投入漓江怀抱。[②]

　　近年来,桂林银行在桂林市委、市政府的正确领导下,在广大客户及社会各界的大力支持下,围绕打造"广西服务领先银行、广西最具创新力银行、广西最具竞争力银行"的目标,大胆改革、锐意创新,在激烈的市场竞争中不断发展壮大,综合实力显著增强。截至 2014 年年末,桂林银行及控股村镇银行总资产达到 1134 亿元,存款余额

---

①蒋琛.桂林:66 万尾鱼苗放生漓江[EB\OL].http://www.gx.xinhuanet.com/guilin/20160530/3174559_c.html

②张克庆,吴高阳.桂林银行捐款 45 万元桂林青少年"保护母亲河——漓江"环保基金[EB\OL].http://gx.people.com.cn/n2/2017/0523/c179430-30226443.html

达到 747 亿元,各项监管指标均达到良好银行标准;2014 年桂林银行纳税额在广西国税系统排名第 18,在桂林排名第 2。桂林银行得到了社会各界的广泛好评,获得了多项荣誉:连续 3 年被广西企业与企业家联合会评为"广西优秀企业",位列"2014 广西企业 100 强"第 42 位、"2013 中国金融 500 强"第 96 位、2014 年"全球银行 1000 强"单第 717 位。

桂林银行坚持以客户为中心,围绕小微金融、社区金融、旅游金融、"三农"金融不断开展业务创新:一是通过设立在老百姓家门口的社区支行,推出"您下班、我营业"的错时、延时服务,打造"500 米服务圈"。二是以"中国国际特色旅游目的地"和"国际旅游胜地"品牌建设为契机,在 2014 年 9 月份发行了"八桂旅游卡",致力把旅游、金融、互联网等资源整合到八桂旅游卡这个平台上,为客户提供更多优惠和便利。三是针对高端贵宾客户,推出了旅游与健康相融合的湘雅健康之旅。桂林银行董事长王能说:"桂林银行将继续秉承'好山水·好银行'的文化内涵,始终坚持'市民银行'的定位,不断完善'亲民、便民、惠民'的服务体系,自觉履行保护、建设桂林美好家园的社会责任。"

(二)引领高校公益社团组建环保联盟参与漓江生态保护

在共青团桂林市委员会的指导下,桂林市高校环保联盟于 2009 年 5 月成立。环保联盟是桂林市各高校的环保协会自发组成的非营利性社团组织,主要包括桂林医学院绿色家园环保协会、桂林电子科技大学根与芽环境社、桂林理工大学绿色俱乐部、广西师范大学漓江学院手工 DIY 环保协会、桂林师范高等专科学校绿色环保协会、桂林航天工业学院TBS环保协会、广西师范大学环境保护协会。联盟成员通过开展倡导水果贺卡、环保服装秀、为漓江"洗脸"、鱼苗放生、水质调研、古树二维码身份证挂牌、旧衣回收等活动,推动漓江生态保护。①

此外,桂林市还出现了在民政部门注册的环保组织——漓江流域生态环境保护协会。该协会由桂林通用翻译有限责任公司和广西师范大学生命科学研究院联合创办,有三十个团体会员和近百名个人会员,其中包括广西师范大学、桂林理工大学、桂林医学院、桂林航天工业学院、桂林旅游学院等团委会员。漓江流域生态环境保护协会将开展一系列活动,包括普及绿色环保意识和绿色GDP理念,组织对漓江流域的生态环境考察,关注人类生产生活对漓江流域的冲击,开展对外学术交流,传播世界最新环保理念,协助政府实施综合治理漓江环境的措施等。协会还向社会推出"我为漓江捐棵树"活动,动员市民捐款,在泗洲湾等地植树造林。

第四节　漓江保护面临新形势和新机遇

经过多年的整治,2015年,桂林市大气环境质量与过去相比已明显好转,大气环境质量优良天数同比增加46天,PM10和PM2.5

---

①桂林市高校环保联盟[EB/OL].https://baike.baidu.com/item/桂林市高校环保联盟/15109206?fr=aladdin

均值浓度分别下降18.6%和22.7%,均超额完成自治区下达的年度考核指标。在水环境质量改善方面,城市集中式饮用水水源地水质达标率为100%;国控监测断面水质达标率为100%;漓江干流地表水水质常年达到Ⅲ类水以上标准,市区上游达到Ⅱ类水标准;农村环境连片整治工作走在了全国前列。

由于漓江保护工作成效突出,2013年7月19日,国家体育总局小球运动管理中心和国奥集团合作项目签约仪式在桂林举行。从2014年起,"世界女子九球锦标赛"连续两年在桂林举办。2015年习近平总书记出席十二届全国人大三次会议广西代表团全体会议,再次强调要保护好漓江。

近年来,尤其是桂林国际旅游胜地建设启动后,漓江流域的经济、旅游发展迅速,基础设施也日趋完善。在公路运输方面,桂林至阳朔、桂林绕城高速、桂林市区至两江机场等高速公路已经竣工,县城与县城之间、乡镇与乡镇之间的公路也已经畅通。在航空运输方面,两江国际机场是全国重要的旅游机场,属于大中型航空港,距桂林市区仅28公里,其中机场至桂林市区的高速公路也已经建设完成。在铁路运输方面,湘桂铁路从桂林市区穿过,桂林火车站的人流量迅速增加,日吞吐量可达上万人次。尤其是高铁时代的到来,使桂林的游客越来越多。

游客的增多也会导致游艇航次增加、生活污水排放量更大等一系列环境问题,需要在完善法律法规和政策、加大监督和执法力度、公众环保教育等方面共同推进生态文明建设,让心灵与山水同美,让桂林永远山清水秀。

此外,漓江流域尤其是漓江风景名胜区管控严格,但生态补偿面小、标准低、民生问题突出;漓江存在着用水供水紧张等问题;漓江保护存在社会力量参与漓江保护的积极性不够、渠道不通的问题;沿岸居民法治意识淡薄有待改进;全球气候变暖,漓江流域极端天气不断……总而言之,保护漓江,任重而道远。

附录 1　党和国家领导人及国外政要视察或访问桂林大事记①

● 1959 年 3 月上旬　国家副主席董必武和罗荣桓、聂荣臻元帅到桂林视察。

● 1959 年 12 月 30 日　全国人大常委会副委员长班禅额尔德尼·确吉坚赞和全国政协副主席帕巴拉·格列朗杰到桂林视察。

● 1960 年 5 月 14 日—15 日　国务院总理周恩来从国外访问归来，在陈毅副总理和邓颖超等陪同下，到桂林视察。15 日，在桂林至阳朔的船上，周总理听取了桂林地方领导的工作汇报，仔细查看了正在兴建中的青狮潭水库的蓝图。当谈到桂林环境保护时，周总理指出："桂林山水很好，就是树木少了一点。两岸可多种一些竹子，竹子不但美观，还可以做很多有用的东西。"

● 1961 年 1 月 8 日　国务院副总理陈毅、罗瑞卿到桂林视察。

● 1960 年 5 月 15 日　越南国家主席胡志明抵达桂林市并展开访问。在桂林访问期间，游览了叠彩山、七星岩等地。在阳朔，胡志明登上望江楼，眺望阳朔山水，触景生情，用中文写下了"阳朔风景好"五个大字和"桂林山水甲天下，如诗中画，画中诗。山中樵夫唱，江上客船归。奇！"的诗句。

● 1962 年 1 月 29 日—2 月 1 日　全国人大常委会副委员长沈

---

① 大部分国家领导人和国外政要考察桂林的记录，均摘自漓江风景名胜区官方网站，特此致谢和说明。

钧儒到桂林视察,并参加中国民主同盟桂林市委员会和中国民主促进会桂林市委员会的大会。

● 1963 年 1 月 28 日　朱德元帅与徐特立、吴玉章、谢觉哉等到桂林视察。29 日,77 岁的朱德和 87 岁的徐特立健步登上叠彩山明月峰,并作诗唱和。朱德元帅的诗是:"徐老老英雄,同上明月峰。登高不用杖,脱帽喜东风。"徐特立应声唱和:"朱总更英雄,同行先登峰。拿云亭上望,漓水来春风。"朱德元帅喜欢爬山,并且不要人搀扶,他说:"别人走路代替不了自己走路,别人革命代替不了自己革命,还是应该自己走。""爬山和干革命一样,不要怕!"

● 1963 年 2 月 23 日　国务院副总理兼外交部部长陈毅元帅陪同柬埔寨西哈努克亲王到桂林访问。陈毅作了一首《游桂林》的诗,赠给桂林市和阳朔县的同志们。诗中写道:"水作青罗带,山如碧玉簪。洞穴幽且深,处处呈奇观。桂林此三绝,足供一生看。……愿作桂林人,不愿作神仙。"另一首诗《游阳朔》写道:"桂林阳朔一水通,快轮看尽千万峰。……桂林阳朔不可分,妄为甲乙近愚庸。朝辞桂林雾蒙蒙,暮别阳朔满江红。"

● 1963 年 2 月 23 日　柬埔寨国家元首诺罗敦·西哈努克亲王和夫人抵达桂林市,由国务院副总理陈毅和夫人张茜陪同参观访问。访问期间,他们游览了叠彩山、伏波山、七星岩、芦笛岩,乘船观赏了漓江风光,并乘车到近郊穿山公社参观,向公社赠送了柬埔寨"银鼎"。亲王对陈毅副总理说:"我游览过世界各地名胜,无一处可与桂林相比。"

● 1963 年 3 月 22 日　全国人大常委会副委员长郭沫若到桂林

视察。其间，他写了《满江红·咏芦笛岩》一词，赞扬祖国"换了人间，普天下，红旗荡漾"。在《游阳朔舟中偶成四首》中，他又写了"桂林山水甲天下，天下山水甲桂林。请看无山不有洞，可知山水贵虚心"的名句。郭沫若于1938年冬到过桂林，这次故地重游，在《满江红·七星岩》一词中赞叹："廿四年，旧地又重游，惊变质。"他认为，桂林不仅是风景游览城市，也是文化古城，"桂林金石富"，给予桂林石刻很高的评价。

● 1963年11月下旬　中共中央东南局第一书记陶铸到桂林视察。在桂林期间，他提出要把桂林市建设成为"东方的日内瓦"，建议在芦笛岩公园门前多植一些树，还批示拨款扩建解放桥。

● 1965年　中共中央东南局第一书记陶铸在桂林兴安蹲点，领导建设灵渠风景区。

● 1970年11月21日　柬埔寨政府首相宾努亲王抵达桂林访问。

● 1972年11月19日　国务院副总理李先念陪同尼泊尔首相比斯塔及其夫人一行访问桂林。在桂林期间，自治区、桂林市的领导向李先念汇报工作，希望中央批准在桂林市建一座接待外宾的宾馆和一座为外宾演出的剧院。李先念同意，但表示要按程序向国务院报批。这就是1976年下半年建成的漓江饭店和漓江剧院。

● 1973年10月　国务院副总理邓小平陪同加拿大总理皮埃尔·埃利奥特·特鲁多及夫人访问桂林。当邓小平看到桂林秀丽的山水和生态环境被废气、废水严重污染后，指出：桂林是世界著名的风景文化名城，如果不把环境保护好，不把漓江治理好，即使工农业生产发展得再快,市政建设搞得再好,可能也功不抵过。

● 1973 年 10 月 15 日　加拿大总理皮埃尔·埃利奥特·特鲁多及夫人的到来开启了桂林外事旅游接待的序幕。在欢迎宴会上讲话时,他表示回国后一定要把中国人民的友好情谊带给加拿大人民。在参观游览时,特鲁多总理对叠彩山佛像的保存和管理很感兴趣。

● 1974 年 8 月 17 日　中央军委副主席叶剑英元帅到桂林视察。他作诗赞颂桂林山水,在《由桂林舟游阳朔》诗中写道:"乘轮结伴饱观山,右指江头渡半边。万点奇峰千幅画,游踪莫住碧莲间。"

● 1974 年 8 月　中共中央政治局委员、广州军区司令员许世友视察桂林及兴安灵渠。

● 1974 年 10 月 23 日　丹麦首相保罗·哈特林和夫人在第一机械工业部部长李水清等人陪同下到桂林市访问。在桂林期间,他们游览了芦笛岩,乘船观赏了漓江风光,并参加了文艺晚会。在宴会上,哈特林首相说:"到中国来看到许多东西:看到伟大中国令人尊敬的历史遗迹,看到在人民共和国展现出来的中国人民的新生活,看到精心耕作并且非常成功的农业,看到中国为建设现代化工业而做出的出色努力。这一切给我们留下深刻的印象。"

● 1975 年 3 月 5 日　刚果总理亨利·洛佩斯和夫人在农林部部长沙风等陪同下到桂林市访问。在桂林期间,贵宾们游览了芦笛岩、叠彩山、七星岩、伏波山和盆景场,并乘船观赏了漓江风光。洛佩斯总理在欢迎宴会上说:"感谢桂林人民的热情欢迎。桂林离刚果那么遥远,但你们对我们那么熟悉。你们充满热情和友好的接待,体现了你们对全体刚果人民的友谊和兄弟般的战斗情谊。"他还表示:"在国际上,刚果将是中国的一个可靠的战友。"

● 1975 年 4 月 24 日　比利时首相莱奥·廷德曼斯和夫人在全国人大常委会副委员长乌兰夫等人陪同下到达桂林市访问。在桂林期间,他们游览了芦笛岩和盆景场,并乘船观赏了漓江风光。廷德曼斯首相说:"桂林自然风景十分优美,闻名各地。我们能来桂林参观,就可以了解到中国最优美的一个风景胜地。"

● 1976 年　美国总统尼克松到桂林游览并大加赞赏桂林山水。

● 1976 年 5 月 20 日　新加坡总理李光耀和夫人到桂林市访问。在桂林期间,李光耀一行游览了芦笛岩、盆景场和漓江风光,并出席了文艺晚会。在欢迎宴会上,李光耀总理说:"有许多新加坡朋友都来过桂林,他们告诉我,桂林山水是美丽的,所以我也要亲眼来看一看。可以相信,我们代表团的这次访问,将有助于增进新中两国人民的了解和友谊。"

● 1976 年 9 月 5 日　西萨摩亚国家元首马列托亚·塔努马菲利第二殿下访问桂林市。在桂林期间,贵宾们参观了绢纺厂,游览了芦笛岩和漓江风光,并观看了少年体操、武术和歌舞表演。在欢迎宴会上,西萨摩亚元首说:"我在这个迷人的国家里,度过了极其激动人心的日子。我亲眼看到伟大的中国人民做出的出色努力,从而在贵国的国土上,根除了匮乏和贫困,勤劳刻苦的中国人民已经取得了辉煌成就。桂林人民都有共同的奋斗目标,这些给我们留下深刻的印象。"

● 1977 年 4 月 26 日　圭亚那总统留蒙德·阿瑟·钟和夫人在

全国人大常委会副委员长乌兰夫等人陪同下抵达桂林市访问。在欢迎宴会上，圭亚那总统祝酒说："中国正在为发展同发展中国家的友谊与合作做出贡献。毛泽东主席和周恩来总理极大地增进了第三世界国家的团结。"在桂林期间，圭亚那贵宾们游览了芦笛岩和盆景场，乘船观赏了漓江风光，并观看了歌舞节目。

●1977年5月10日 缅甸总统吴奈温和夫人在全国人大常委会副委员长邓颖超等陪同下抵达桂林市访问。吴奈温总统说："桂林以山水甲天下而闻名，我们为能来到这里访问而高兴。"他还说："邓颖超大姐虽然年事已高，但仍然亲自为我们的生活、饮食各方面作了十分周到细致的安排，这表明邓大姐对缅甸的情谊多么深厚。"他们此行游览了芦笛岩和盆景场，乘船观赏了漓江风光，总统夫人等还观看了电影《桂林山水》。

●1977年10月7日 喀麦隆总统阿赫马杜·阿希乔和夫人由全国人大常委会副委员长阿沛·阿旺晋美等人陪同抵达桂林市访问。阿希乔总统在宴会上说："桂林的美丽不仅是自然美，它同时也反映了中国人民实现进步的决心。桂林今天比过去更加美丽。"他们此行游览了芦笛岩的部分景区，乘船观赏了漓江风光，并观看了桂林市文艺工作者表演的歌舞、杂技节目。

●1978年12月2日 国务院副总理谷牧在桂林召开会议，研究桂林景区污染治理问题。会上议定三项原则：1.整个风景区（包括漓江两岸）所有构成污染的工厂限期治理；2.要使用好国家为治理桂林风景区的投资；3.广西、桂林应制定环保和管理的全面规划和实施条例。

- 1978 年 4 月 2 日　泰国总理江萨·差玛南和夫人在全国人大常委会副委员长姬鹏飞等陪同下到桂林市参观访问。贵宾们游览了芦笛岩,并乘船观赏了漓江风光。江萨总理说:"我今天感到非常幸福。我能够到中国朋友中来,能够观赏这么优美的风景,这是我过去所没有见过的,更重要的是我受到了你们友好的款待。"

- 1979 年 5 月　美国前国务卿基辛格先生来访桂林并称赞桂林山水。

- 1979 年 9 月 19 日　丹麦女王玛格丽特二世由国务院副总理谷牧和夫人陪同抵达桂林市参观访问。女王是北欧地区第一位来桂林市访问的国家元首。女王说:"桂林奇特的山水早就受到传颂。任何地方都没有这里千姿百态的石灰岩。中国风景的精华,给欧洲人留下了深刻的记忆。在一些石山上覆盖着翠绿的树木,绵延曲折的河流上飘荡着许多船只,山上云雾缭绕,散布着神秘的洞穴。来到这里,人们就像步入中国的画境,或进入瓷器的光泽和彩釉里。"

- 1979 年 10 月 2 日　卢森堡大公让和夫人由国务院副总理康世恩等人陪同到桂林市参观访问。大公在宴会上说,他十分钦佩中国人民智慧、热情、自律,善于发掘一切资源。大公还游览了芦笛岩和漓江风景区。

- 1980 年 9 月 14 日　新西兰总理罗伯特·马尔登在外交部副部长章文晋等陪同下抵达桂林市访问。马尔登总理说:"中国在地球上是历史最悠久和文明的国家。我注意到,很久很久以前,他们就曾说过'桂林山水甲天下'。"在桂林期间,贵宾们游览了芦笛岩,并乘船观赏了漓江风光。

● 1980 年 9 月 27 日　挪威首相奥德瓦尔·努尔利在外交部副部长韩克华和夫人等陪同下抵达桂林市访问。在桂林期间,贵宾们游览了芦笛岩,并乘船观赏了漓江风光。

● 1982 年　德国前总统卡斯滕斯游览漓江并大加称赞。

● 1985 年 10 月 16 日至 17 日　美国第 51 届总统乔治·布什夫妇二人再次访桂。

● 1998 年 7 月　美国总统克林顿访问桂林,在七星公园发表了关于生态环境保护的演讲。

● 2000 年　赞比亚总统奇卢巴、泰国王后诗丽吉、新西兰总督哈迪·博伊斯、乌干达总统夫人珍尼特·卡·穆塞韦尼、巴布亚新几内亚议长纳罗科比、韩国前总统卢泰愚、澳大利亚参议院议长玛格丽特·里德、老挝副总理本扬·沃拉吉、萨摩亚总理图伊拉埃帕、英国副首相约翰·普雷斯科特、奥地利联邦议会议长约翰·帕耶尔等来访桂林,美丽的漓江让他们赞不绝口。

● 2001 年　卢森堡副首相莉迪·波尔芙、玻利维亚国会众议院议长梅尔加、尼泊尔前首相巴特拉依、斯洛文尼亚前总理佩特尔莱、越南共产党中央对外部部长阮文山、越南广宁省祖国阵线主席何登韦、柬埔寨人民党组织宣传部部长赛冲、国际能源机构总干事厄尔巴拉迪等到桂林访问,"山水甲天下"的桂林给了他们留下了美好的印象。

● 2002 年　毛里求斯总理阿内罗德·贾格纳特、韩国国会议长李万燮、澳大利亚众议院议长尼尔·安德鲁、哥伦比亚议长卡洛斯·加西亚、拉脱维亚议会第一副议长里哈尔茨·皮克斯、日本前首相海部俊树、韩国前总理姜英勋、斐济外交部部长卡利奥帕特·塔沃拉、新西兰贸易谈判部部长吉姆·萨顿、缅甸畜牧与水产部部长貌貌登、亚洲开发银行行长千野忠男、丹麦中央银行行长托马森、国际原子能机构总干事厄尔巴拉迪等到桂林访问,桂林秀丽的风光、奇特的喀斯特地貌和秀美的漓江让他们赞不绝口。

●2003年　科摩罗联盟总统阿扎利·阿苏马尼、德意志联邦共和国总统约翰内斯·劳、文莱公主玛斯娜、日本前首相桥本龙太郎、英国前副首相杰弗里·豪勋爵等到桂林访问,漓江之美让他们印象深刻。

●2004年　丹麦王室成员伊丽莎白公主,菲律宾自由党主席、参议长德里隆、越南共产党中央政治局委员、书记处书记、中组部部长陈庭欢,哥伦比亚前总统安德烈斯·帕斯特拉纳·阿朗戈,美国IBM公司总裁帕米萨诺,欧盟委员会前主席等到桂林市访问,他们对漓江的生态保护给予充分肯定。

●2005年　比利时国王阿尔贝二世、俄罗斯总统助理维克多·伊万诺夫、澳大利亚众议长戴维·霍克、泰国副总理兼商务部部长颂奇·乍都西披他、越南常务副总理阮晋勇、泰国国家妇女院主席跃瓦瑞·西那瓦提让等到桂林访问,他们对美丽的漓江和"山水甲天下"的桂林给予了充分肯定。

●2006年　菲律宾总统格洛丽亚·马卡帕加尔·阿罗约,印尼总统苏西洛·班邦·尤多约诺,越南共产党总书记农德孟,缅甸总理梭温,美国临时参议长特德·史蒂文斯,孟加拉国人民联盟总书记穆罕默德·阿卜杜尔·贾利尔,法国社会党前国际书记、饶勒斯基金会第一副会长亨利·纳莱,越南广宁省人民委员会副主席汝氏红莲,越南中央对外部副部长谢明洲到桂林访问。国外政要和嘉宾对漓江之美和生态保护给予充分肯定。

• 2007年　桂林市人民政府外事办公室共接待来自49个国家、地区、国际组织以及中央外事部门和自治区及各省外事办团组97批1448人次,其中总理级1批52人次,副总理级1批18人次,部级15批343人次。重要外宾团组是:越南国会主席阮富仲、欧盟驻华大使团等。山清水秀的桂林让他们赞不绝口。

• 2008年2月除夕前夕　时任国家主席胡锦涛到广西桂林考察抗灾救灾工作。

• 2009年　访问桂林的重要外宾团组有:密克罗尼西亚联邦副总统阿利克一行8人、越南副总理阮生雄一行68人、泰国前国会主席披猜、非洲驻华使节团等共4批221人,部长级外宾团组8批92人。其间,桂林相关接待单位精心策划参观考察活动,使非洲驻华使节团在参观考察龙胜各族自治县龙脊梯田时,对当地富有特色的梯田留下深刻印象。他们对漓江和漓江流域的生态之美给予了肯定。

• 2010年　桂林市外事办公室共接待外交部、中联部、中国人民对外友好协会等单位交办外国团组93批2038人次。其中国家元首级团组2批110人次,副总理级团组3批75人次,部长级团组9批76人次。他们对漓江之美赞不绝口。

• 2011年　桂林市外事办公室全年接待应邀到访的国外政要及外宾团组涉及26个国家和地区,其中总统级团组3批25人次,副总理级团组 3 批 23 人次,部长级外宾团组 4 批 44 人次,外国驻中国使节团 7 批 59 人次。漓江之美给他们留下了美好印象。

• 2012 年　桂林市外事办公室全年接待应邀到访的国外政要及嘉宾涉及 32 个国家共 55 批 583 人次,其中副总理级 1 批 44 人次,部长级 12 批 153 人次,外国驻中国使节团 5 批 48 人次。同年,桂林市外事办公室获外交部颁发的"服务国家总体外交突出贡献奖"、中国人民对外友好协会颁发的"人民友谊贡献奖"、自治区外事工作领导小组颁发的"广西国际友谊贡献奖"。来访的国外政要和嘉宾对"山水甲天下"的桂林尤其是漓江给予了充分肯定。

• 2013 年　桂林市外事办公室接待涉及 29 个国家和地区的境内外团组共 84 批 833 人次,其中国家元首级批 21 人次,议长级 1 批 22 人次,总理级 1 批 29 人次,前政要 1 批 7 人次,部级 10 批 102 人次,外国驻中国使节团 10 批 30 人次。

• 2014 年　桂林市外事办公室接待中共中央对外联络部、全国人大中国人民对外友好协会、外交部、自治区外事办公室交办的境内外团组 65 批 658 人次,涉及 43 个国家和地区,其中国家元首级 1 批 38 人次,前政要 1 批 5 人次,省部级 12 批 164 人次,外国驻中国使节团 13 批 88 人次。此外,桂林喀斯特地貌于 2014 年列入世界自然遗产名录,漓江和漓江流域的生态保护再次受到重视。

• 2015 年　海外华裔青少年"中国寻根之旅"夏令营在桂林举办;7 月,"汉语桥——越南中学生夏令营"在桂林开营;中国—东盟博览会旅游展举办地永久落地桂林。

• 2016 年　第十届由联合国世界旅游组织、亚太旅游协会主办,桂林市人民政府承办,香港理工大学协办的联合国世界旅游组织/亚太旅游协会旅游趋势与展望国际论坛在桂林举办,与会专家对漓江保护和桂林旅游发展模式表示肯定;桂林市被评为亚洲最受欢迎旅游城市。

- 2017 年　全市旅游接待人数首次突破 8000 万人次,实现旅游总消费 971.76 亿元,入选"春节国内游十大热门旅游城市";12 月 15—17 日,中国(桂林)国际健康旅游高端论坛在桂林召开,本次论坛由中国医疗保健国际交流促进会、桂林旅游股份有限公司主办,欧美、亚太地区及港澳台地区 40 人参会,大力推进了旅游+健康的发展,对漓江保护和结构转型十分重要。

- 2018 年 7 月　日本熊本市开新学园教育交流团访问桂林,海外华裔青少年"中国寻根之旅"夏令营在桂林开营。第一季度入境过夜游客中,排前十的客源国分别是:韩国、马来西亚、新加坡、美国、印度尼西亚、日本、泰国、英国、加拿大、法国。其中,日本、新加坡、印度尼西亚等增幅较大,分别达 53.24%、42.12%、33.36%。

让人类的梦想在美丽的漓江延续

——广西青少年保护母亲河之"漓江行动"宣言

今天,寄托着我们梦想和自豪的"绘漓江绿色画廊,扬桂林山水美名"——广西青少年保护母亲河之"漓江行动"正式点燃火炬。由此,我们将举起一面绿色文明的旗帜,动员和团结广大青少年以及全社会的力量,投身生态环保建设的伟大事业,迈向再造秀丽山川,装扮锦绣中华,推动人类进步的世纪征程。

大自然是人类进化之母。人类社会历经农业文明、工业文明时代而进入今天的信息社会,无不有赖于大自然的富饶和丰厚。

但是,随着社会的进步和经济的高速增长,对大自然资源的过度开发和污染物大量排放,已导致全球性的资源短缺、环境污染和生态恶化。与我们相依相存的九州大地尽管造就了五千年的中华文明,如今也同样面临着生存环境日益恶化的严峻挑战。我们在思考:应该把一个什么样的地球和家园留给子孙后代? 我们没有理由愧对自然和后人,我们有责任在人类走向高度文明的新世纪,还大地青山绿水,还森林鸟语花香,还天空月明风清。

我们庆幸，我们生活在山水甲天下的桂林。大自然把最奇妙的一笔写在了桂林，"江作青罗带，山如碧玉簪"的神姿仙态创造了美丽的极致，也寄寓了人类生活的理想。然而，由于沿线工业发展和人口增多，森林资源被损耗，作为桂林山水生命神韵所在的漓江，水位下降，枯水期延长，河川裸露面积增大，水质污染，曾经明亮如镜、清澈碧绿的漓江如诗如画的风采正在淡去。

漓江的生态环境变化，正是我们地球家园生态环境变化的一个缩影。

为此，我们选择了漓江，选择为这条美丽的母亲河实施全面的生态保护工程。我们有一个愿望：用 10 年时间重塑漓江，在增加漓江流域森林面积，提高森林资源质量，发挥其涵养水源、保持水土、调节气候的功能的基础上，实现漓江的绿化、美化、花化，创造人类生态环境的典范，创造天人合一、物我相容的自然"画廊"、生活"天堂"。为此，我们将采取以下措施：

第一步，在 2001—2003 年的三年时间内，向社会募集种植 200万株树木所需资金，用于漓江绿化工程中沿江两岸风景防护林项目的人工造林和封山改造，以及两岸农村生态能源的建设，重点是提高两岸的绿化、美化程度，建立一个面向全国和世界的青少年绿化活动营地。

第二步，2004—2006 年，继续向社会募集种植 200 万株树木所需资金，用于漓江两岸封山育林及基础建设；同时，进一步美化漓江两岸，开始启动各个园林景点的建设。

第三步，2007—2010 年，向社会募集种植 200 万株树木所需资金,并进一步提高和完善山、水、路、亭、园等绿化和美化质量。

这些计划的完全实施,将使漓江的生态环境发生根本的变化:

1.水土流失得到有效控制,各种自然灾害减少;

2.水源林面积得到恢复和扩大,森林质量得到提高,水源涵养能力得以增强;

3.漓江水质更好,水更多更清;

4.黄金水段的景色更完美,两岸全部实现绿化、美化、花化、彩化,使人文景观和自然景观更加和谐、统一。

漓江是中华民族的漓江,也是世界的漓江,保护漓江的福祉惠及全人类。当漫游在蜿蜒于万点奇峰间的漓江边,感受水弄清影、风拂绿波时,每一个人都会由衷赞叹:用我们的至爱去呵护漓江的美丽,让人类的梦想在美丽的漓江延续……

让我们行动起来吧,相约漓江,做绿色的使者,为了漓江,为了母亲河,为了一个绿色文明时代的到来!都来栽一棵树,播种一分绿色的情怀;让您的树和我们的树种在一起,挽起手臂,长成森林!

我们相信,在这片森林里,会成长起一代人的母亲河意识、生态保护意识、可持续发展意识。不同民族、不同肤色的人们会在漓江的美丽中找到共同的话题,培养起相通的情感,自觉担负起关注环保建设,促进民族进步、国家强盛、世界和平与发展的历史重任!

保护母亲河,让我们携手同行!

附录3 保护母亲河之"漓江行动"倡议书

全社会各界朋友：

　　人类文明的根源是河川,没有河川便没有文明的孕育,这是人所共知的事实。在我国的西南部,在广西桂林,有一条蜿蜒于奇峰秀石间的漓江,她犹如一位俊俏秀美、清新脱俗的姑娘,以奇山为靠,以绿树为抱,享尽了大自然最偏心的赐予。两岸奇秀的青峰与莹洁的碧流相辉映,组成了一幅无与伦比的锦绣画卷。古往今来,多少游人为之倾倒,多少诗人用最美好的语言赞颂、讴歌它!我国唐代大文豪韩愈"江作青罗带,山如碧玉簪"的千古名句使她成为全世界接待外国元首最多的一条江。然而,曾几何时,由于漓江流域森林面积减少,质量下降,旱涝时有发生,泥沙含量越来越大,天人合一的景观遭到威胁;如果不及时整治,明亮如镜、清澈碧绿的漓江将成为美丽的传说……至爱漓江的人们,我们岂能让如此令人骄傲的漓江成为遗憾?

　　每一位具有绿色文明意识、生态环境意识的人都会为塑造漓江绿色画廊贡献一份力量。为此,桂林市政府与共青团广西区委开展了以"持漓江情怀卡,建绿色工程林"为主题的环保活动。您可以通过购买不同面值的"漓江绿色情怀卡"对我们的捐树造林活动给予支持。我们将对您捐赠种植的名人林科学管理、细心呵护,让漓江因您的付出而更加美丽!此外,您还有机会成为漓江绿色大使,并可以随时从我们开设的"漓江情怀网"上追踪了解您捐赠的树木的生长情况，让您的浓浓爱意成长在树木的每一片绿叶间！

亲爱的朋友们，地球家园是属于我们每一个人的，需要我们的共同爱护；漓江当然也是属于全世界的，她期待能得到我们每一个人的照料。

如果您和我们一样热爱这片家园，那么，请参与我们的"塑漓江绿色画廊，扬桂林山水美名"——保护母亲河之"漓江行动"，让我们用热情和爱心，共同筑建漓江的绿色工程林，让我们为妆点漓江雄奇秀逸的风采而努力吧！让我们这些绿色大使为了人类共同的梦想和美丽的明天而努力吧！

附录4　一定要保护好桂林山水　这是中国的靓丽名片

"近年来,桂林市积极打造生态旅游新品牌,坚持树立绿水青山就是金山银山的理念,为旅游建设添彩。"党的十九大代表、广西壮族自治区桂林市市委书记赵乐秦表示,桂林在绿色发展、保护漓江、保护生态环境方面做出了一系列努力。

"把心放在漓江上。我们要对绿水青山倾注强烈感情。"赵乐秦代表说,漓江是桂林山水之魂,是桂林国际旅游胜地的"生命线",也是中国的一张靓丽"名片"。总书记对漓江十分关心,多次明确指出:"一定要保护好桂林山水,保护好广西良好的生态环境。"

为此,桂林市牢固树立"绿水青山就是金山银山"的理念,敢于作为、触及根本、惠及民生,推动漓江保护利用步入科学化、法治化、规范化、长效化轨道,漓江焕发出无限魅力。

由于漓江得到了有效保护,桂林的旅游随之不断升级,并将在2020年基本建成国际旅游胜地。

赵乐秦代表说,桂林必须按照主体功能区规划原则跳出漓江发展工业,要坚决按照漓江风景名胜区保护规划,严格保护漓江的一石一沙。事实上,跳出漓江重振工业雄风,也是为了造福漓江两岸的百姓,也是为了使工业反哺漓江。

目前,桂林已初步形成以国家高新技术产业开发区、经济技术开发区、粤桂黔高铁经济产业园为核心的"三足鼎立"工业发展空间新格局。为加快新型工业体系建设,桂林市出台了《关于加快桂林新型工业发展的若干意见》和《关于加快桂林新型工业发展的若干政策》等一系列政策。

　　同时,桂林正致力于打造成为"一带一路"有机衔接的综合交通节点城市和区域性国际旅游综合交通枢纽,加快构建现代化立体交通网络,从而为工业发展提供有力的物流保障。(来源:《经济日报》作者:黄鑫　时间:2017 年 10 月 23 日)

附录5　共青团桂林市委员会青少年"保护母亲河——漓江"环保基金章程(2014年2月修订草案)

第一章　总则

第一条　本基金名称为:桂林市青少年"保护母亲河——漓江"环保基金。

第二条　桂林市青少年"保护母亲河——漓江"环保基金,接受共青团桂林市委员会的业务指导和监督管理。

第三条　桂林市青少年"保护母亲河——漓江"环保基金的宗旨:通过各种渠道,广泛吸纳社会资金来保护母亲河漓江的自然环境及推广与漓江相关的有益于青少年身心发展的各类活动,促进桂林青少年的健康成长。本基金围绕宗旨开展的一切活动遵守中华人民共和国宪法、法律、法规和政策,遵守社会道德风尚,向全社会宣传奉献爱心精神,促进社会和谐发展。

第二章　基金的设立

第四条　共青团桂林市委员会(以下简称团市委)、桂林日报社、桂林银行股份有限公司(以下简称桂林银行)为基金发起人。桂林市青少年"保护母亲河——漓江"环保基金由桂林银行于2007年首次捐资20万元人民币,用于发起设立本基金。以后每年以"客户持漓江卡在POS机上刷卡消费一次,桂林银行从手续费收入中捐款0.1元"和每年向该基金捐助一定数额款项的形式捐资,作为对该基金的持续投入。团市委、桂林日报社对本基金组织开展的各项活动进行宣传报道,推动基金的发展壮大。本基金每年在收到桂林银行捐款后,由"保护母亲河——漓江"环保基金领导小组向桂林银行颁发《捐赠证书》和荣誉纪念牌,并开具专用捐赠发票。

第五条　本基金根据国家有关规定,接受社会捐款;基金设立后,三方共同策划、组织活动,开展工作,争取海内外团体、政府组织、企事业单位和个人的捐助、赞助,不断扩大基金规模和活动影响;本基金所筹境内外资金,专项用于符合本基金宗旨的活动。

第六条　本基金建立严格的资金筹集、管理、使用制度,定期公布收支账目,接受有关部门审计和社会监督。

第三章　基金的管理和使用

第七条　为保障基金的合法筹集和使用,提高工作效率和工作业绩,根据实际需要可成立桂林市青少年"保护母亲河——漓江"环保基金理事会(以下简称理事会)。理事会由三方派员组成,并协商邀请其他有关机构代表和个人参加,发起人为当然的理事会成员。团市委、桂林日报社、桂林银行分别指派其领导担任理事会理事长、副理事长、常务副理事长。为本基金捐款 10 万元或以上的机构或个人,将具有永久理事资格(直至本基金终止)。理事会的职责是:

1.制订、修改和解释本基金章程;

2.审议和决定基金的使用原则、办法和资助项目;

3.审议和批准年度预算和决算;

4.审议和确定筹资活动的项目;

5.决定基金管理、使用的其他事项。

第八条　本基金理事会理事长或其指定的代表有权召集理事

会,理事会决议需经超过三分之二的理事同意,但理事长有一票否决权。

第九条　本基金理事会下设秘书处,由双方协商确定成员和工作分工;秘书长由团市委派人担当。理事会及秘书处就本基金相关事项进行决策、对外开展工作或进行宣传时,应严格按照本基金章程和本协议行事,团市委对理事会及秘书处的决策意见有终审决定权。

第十条　本基金本金每年的增值部分(按中国人民银行公布的银行同期利息计算)全部进入动本基金,每年的12月31日为本基金的财务结算日。

第十一条　本基金可用于保护漓江宣传、鱼苗放生、漓江清洁、青少年生态林建设、漓江生态监护、青少年文明号环保活动,举办漓江论坛、漓江流域经济研究、漓江沿岸地区青少年救助等一切与漓江相关的有益于青少年身心发展的活动及与保护母亲河行动宗旨相符的事业,专款专用。

第十二条　本基金如遇以下情况,将予终止:(1)因国家法律、政策调整而被禁止;(2)经本基金理事会一致同意终止。基金终止后的剩余资产,由本基金理事会决定用于符合本基金宗旨的事业。

第四章　附则

第十三条　桂林市青少年"保护母亲河——漓江"环保基金章程的修改在未产生理事会或人员调整、空缺之际,由三方现任领导(委托人)签署或秘书处表决通过。在未明确秘书处人员之前,团市委指定桂林市实施"希望工程"指导委员会或农村青年工作部代行秘书处职责。

第十四条　本基金修改的章程,在通过后送报团市委、桂林日报社、桂林银行及有关部门备案。

第十五条　章程解释权属桂林市青少年"保护母亲河——漓江"环保基金秘书处。

附录6 保护桂林喀斯特世界自然遗产倡议书

市民朋友们：

　　2014年6月23日，在联合国教科文组织世界遗产委员会第38届大会上，分布在阳朔县北部和西部以及雁山区东南部区域的桂林喀斯特成功列入了世界自然遗产名录（其中遗产地253.8平方公里，缓冲区446.8平方公里）。3年来，桂林喀斯特世界自然遗产地的各级各部门和广大群众为保护桂林喀斯特世界自然遗产做了大量卓有成效的工作，使这一人类共同拥有的自然遗产保持了其独有的真实性和完整性。今天，正值桂林喀斯特列入世界自然遗产3周年之际，我们倍感欣喜，同时也深感责任重大，在诸多方面距离世界遗产委员会的要求还有一定差距，尤其是在树立全民保护世界遗产意识方面，我们的宣传教育和发动还需进一步加强。为此我们倡议：积极行动起来，保护桂林喀斯特世界自然遗产。

　　桂林喀斯特世界自然遗产的申报走过了20多年的历程，是桂林市各族人民用坚持和信念把家乡的最爱和大美奉献给了世界，聚焦了世界人民的目光。这是漓江人不懈追求的结果，也是漓江人落实党和国家领导人保护漓江重要指示精神的重大举措。长期以来，流淌在桂林喀斯特峰丛间的漓江得到了一代代党和国家领导人的关心、关怀。邓小平同志曾说："如果你们为了发展生产，把漓江污染了，把环境破坏了，是功大于过呢，还是过大于功？搞不好，会功不抵过啊！"习近平同志说："漓江不仅是广西人民的漓江，也是全国人民、全世界人民的漓江，还是全人类共同拥有的自然遗产，我们一定要很好地呵护漓江，科学保护好漓江。"党和国家领导人对这片土地的深情牵挂，让我们深感骄傲和自豪。

市民朋友们，这是一片让人迷恋的地方，望不尽青青神奇的山，看不完绿绿清澈的水，那荡漾在山间水岸、古渡桥边浓浓的乡愁是多么让我们眷恋！这是一片值得我们钟爱、珍惜和精心呵护的地方。世界遗产委员会专家认为：桂林喀斯特具有世界独一无二的地位，是无比珍贵的人类遗产。他们形象地比喻：如果中国南方喀斯特是世界喀斯特的一顶皇冠，那桂林喀斯特就是皇冠上的一颗明珠。这荣誉的光环是多么的明亮！这是一片养育我们的地方，我们生于斯长于斯，背靠历史，面向未来，桂林喀斯特世界自然遗产地，是漓江人永远的家园，永恒的希望！让我们积极行动起来，用我们的真心，用我们的行动，从一件件小事开始，处处维护这片青山绿水；让我们携起手来，以坚定的信念和扎实的行动，为保护桂林喀斯特世界自然遗产做出自己的贡献！我们相信，只要我们坚守，桂林喀斯特世界自然遗产地的明天一定会更好！

中共桂林漓江风景名胜区工作委员会

桂林漓江风景名胜区管理委员会

2017 年 6 月

附录7　说漓江、游漓江　文/陈广林(广西师范大学)

　　"愿作桂林人,不愿作神仙",陈毅元帅的题词令人神往;宋朝王正功的诗句"桂林山水甲天下",道出了桂林之美在山水;当代散文家李健吾在《雨中登泰山》中写道:"山没有水,如同人没有眼睛,似乎少了灵性……"是啊,我正要写写桂林山水的眼睛——漓江。

　　《新华字典》对漓江的解释很简单:"漓江,水名,在广西壮族自治区桂林。"《现代汉语词典》更简单:"漓江,水名,在广西。"我知道他们是哄小孩子的。果然,到了供大人阅读的《辞海》就不一样了:"漓江,一称漓水。在广西壮族自治区东北部。上源大溶江,出兴安县境苗儿山,西南流到阳朔以下称桂江。长82公里。与湘水上源海洋河有灵渠(湘桂运河)相通。江水清澈,两岸奇峰重叠,风景秀丽。为全国重点风景名胜区。"除了这段相对详细的陈述,还配了一张漂亮的照片,很有说服力。清朝诗人袁枚曾这样描绘漓江上游的美:"江到兴安水最清,青山簇簇水中生。分明看见青山顶,船在青山顶上行。"尤其是后两句,把漓江的清澈与神韵写得生动形象又自然,一不小心成为描写漓江的最佳诗句之一。

　　漓江确实太美。两年前我也写过一首歌词,叫作《印象漓江》:

　　　　天底下有一条美丽的江,流过灵渠流进我的梦乡。
　　　　天底下有一条美丽的江,生于猫儿山长在太平洋。

你用清澈透明的手掌，托起象鼻古老的曲水流觞。

你用浓墨重彩的嫁妆，装点着如诗如画的层峦叠嶂。

黄布金滩上的倒影，映红了夕阳也陶醉了月亮。

印象刘三姐的歌声，荡漾着山水间最动人的绝唱。

天底下有一条美丽的江，那是桂林人的亲娘。

天底下有一条美丽的江，那是小伙子的新娘。

　　漓江让人魂牵梦绕。在桂林生活二十二年，我曾十次游览漓江，其中各有乐趣，下面我就与朋友们说说游览漓江的种种好玩之处。

　　游览漓江的最佳季节是春天。每年三四月间，适逢桂林雨季，春雨霏霏，连月不开，清风习习，拂面而来。我们乘坐小船，仿佛穿行在一幅幅氤氲缥缈的水墨画里。烟雨漓江，百里画廊。小舟漾轻楫，流水何潺潺，一会儿小船就驶入水墨画里去了，可眨眨眼，拐个弯，片刻工夫，小船又从浓墨中探出头来，身后泛起长长的波痕和浅浅的涟漪。虽是春季，雾霭迷蒙，那荡漾在水面的涟漪不甚清晰，却别有一番韵味和诗情。春寒料峭，江水凉飕飕，连小木船也是湿漉漉的，似乎手稍用力一捏便可以拧出水来。两岸青山穿梭在眼前，游走于天地间，多么妩媚，料想青山看着我们也一样美丽。春游漓江，四野苍茫，云里雾里，一定要慢条斯理，不慌不忙，忘却尘世间的烦忧牵肠。有一回,我们请求船工弃用船桨和长篙,任由小船缓缓随波逐流。或轻启玉步,似睡半醒;或踌躇满志,原地飘移。时间仿佛静止了,宇宙间的至善至美似乎都在这一瞬间凝固。混沌初开,万物启迪,模糊而又清晰,清晰化作迷离。以前读柳宗元的诗,知道"孤舟蓑笠翁,独钓寒江雪"是有一番境界和一些动感的,可是,在这里,在烟雨漓江上,一切的动都显出多余和累赘。我们乘坐的小木船,船下的流水,乃至我们轻轻波动的心脏和气息,此刻都应该屏住。让我们充分体验这静的妙韵。宁静致远,微观觉悟,又何必对功名利禄这些身外之物执着以求,时时刻刻放之不下呢? 舍得舍得,有舍弃才能有所得,宇宙如此,人生亦然。

也曾在春夏之交游览过漓江。百草丰茂,树木葱茏时,两岸风景苍翠欲滴。五一前夕,我们几人从古镇大圩启程,背起简单的行囊,徒步游走漓江。一路欢歌谈笑,惹得草木渐绿,春水暖柔,阳光拂面,九马回眸。近百里水路,但见清风送爽;江水初涨,两岸新潮闪烁,视野空前开阔。早间,我们迎着朝阳迈步漓江岸边,不时与乘船游江的中外游客招手致意,相向行驶,殊途同归。游客向我们投来羡慕和钦佩的目光,这些素昧平生的鼓励和微笑,让我们信心十足,士气顿发,不由得加紧前进的步伐。午后,当我们走得力尽精疲、摇摇欲倒之时,看着从阳朔返航的游船,虽然空空如也,却也能让我们联想到明日的希冀。真的呢,这些游船,经过一夜的休息,第二天又会载着新的游客涉水作画,亲吻漓江。每日循环,周而复始。"行到水穷处,坐看云起时",世间事物莫不如此,怎么会有终点呢? 徒步漓江,既可欣赏到两岸景色,又能亲近农民庄稼和耕牛农舍;既深入江心腹地,又能跳出江面,从两岸或更远的方位对漓江作审美的观照,或对漓江的下一段景色满怀期待和猜想,那种忐忑的心情是乘船游江所无法体味的。更何况,徒步漓江期间,无数次乘船过渡翩跹,交替游走于漓江两边。有时是全渡,此岸乘舟至彼岸;有时是半边渡,此岸 A 段坐船过渡至 B 段,真有着山重水复、柳暗花明之妙趣。看看,这哪里是游漓江?分明是在游走人生,筹划未来。当然,徒步漓江还可以锻炼意志和毅力,一举多得,何乐不为?

"自古逢秋悲寂寥,我言秋日胜春朝。"除却在春天和春夏之交畅游漓江,还有一个季节也是领略漓江美景的好时机,那就是秋天。落霞、孤鹜、秋水、长天……多么富有诱惑力的意象!桂林的秋天,水瘦山峭,风韵窈窕。虽然漓江的水位下降了,水量削减了,但水质却提升了,也更见澄碧和透明了。漓水悠悠,飘带一般,缠绕在英武挺拔的峰峦之间。最是两岸婀娜多姿的凤尾竹,仿佛漓江新嫁时的伴娘。金风徐来,竹影摇曳;暗芳浮动,幽微不绝。苏轼曾云:"宁可食无肉,不可居无竹。"看来也是掏心的话。东坡居士如能生活在漓江边,定然会安详幸福得赛神仙。秋天游漓江的最佳地点可选择兴坪古镇。兴坪至九马画山段,是百里漓江中最精华的河段。这段水路不足十里,乘竹排往返约需一个小时,三四人租一个竹排,每人出资二十元左右——人民币上所选用的图案恰好也是二十元的,神乎?就是说,每人花费二十元就可尽情领略漓江黄金河段之美。两年前,当地居民使用人工竹排,挥一支长篙,载着我们向绿水更绿处漫溯。满载一船落日的余晖，在袅袅山水间放歌。从兴坪码头出发，约五分钟，便游到百里漓江中最佳景点之一的黄布倒影。夕阳西下，数峰如黛，波光平似镜台，空等您乘坐的竹筏涉江而来。数不清的凤尾竹点缀在群山之腰，如同仙女的秀发飘飘。特定的临近黄昏的时刻，河滩、翠竹、青峰、夕照、渔舟交织成一幅精妙绝伦的画卷，倒映在绿幽幽的江水之中，真真是美丽之极，嘉会空前。此景只应天上有，人间但得兴坪见。人民币二十元的背面，那幅图案恰恰出自此景，这便是著名的"黄布倒影"。当我们乘坐竹排畅游时，无数中外游客中的摄影迷，架好相机，伸长脖子，踱步翘首以待，只为了捕捉落日倒影那梦寐以求的瞬间。那情景有点像泰山看日出，长白山观天池，峨眉金顶盼佛光……大自然的造化真是可遇不可求，许多东西不只是为我们人类所准备的。我曾几度在下午时分游览黄布倒影，只有一次遇到最佳时机：时空融合，山、水、波、夕照、小船、倒影浑然一体！其余几回都未能看到最佳的夕照、波纹和轻舟，遗憾过头。近两年，游船由人工竹排改为机动竹排，噪音大、耳朵怪、速度飞快。坐于竹排上，已无当年之宁静和悠闲。虽坚持游到了九马画山，努力数出了五六匹马，但那种温馨浪漫的感觉远远不如从前了。世间好物不常有，留取记忆成永久，呜呼悲哉！

此外，漓江上还有激动人心的《印象刘三姐》大型山水实景演出，堪称一绝，中外驰名。去年五一之夜，我们两家人曾住在阳朔河边小屋，从背面遥看《印象刘三姐》，别有风趣，与我们某年寒冬端坐在正面的观众席观看的感觉迥然不同，真可谓横看成岭侧成峰，年年岁岁花香浓。

唉！说不完道不尽游不够的漓江，今天的新娘和古老的亲娘，岂一个好字了得？

——2009 年 1 月下旬（春节）写毕，后发表于《桂林晚报》2011年 10 月 6 日第 7 版，并获《美丽的桂林》征文 10 月的月度奖。

附录 8　亚太议员环发会议第六届年会《桂林宣言》(1998 年)

亚太议员环发会议第六届年会《桂林宣言》

　　我们来自亚洲和太平洋25个国家的议员,于1998年10月14—18日在中国桂林举行了"亚太议员环发会议第六届年会"。在东道国出色的组织和盛情款待下,大会取得了圆满成功。与会议员深入讨论了亚太地区环境和资源保护及旅游业可持续发展所面临的挑战及有关的战略行动,达成一系列重要共识。

　　1.环境和资源是人类生存与发展的基本条件。合理开发资源,加强生态和环境保护,是促进经济可持续发展和社会全面进步的基础。在此领域,亚太各国有着长远的共同目标,也有着广泛的共同利益。

　　2.里约环发大会所确立的可持续发展原则和国际环发合作精神,特别是发达国家切实履行里约环发大会承诺,向发展中国家提供新的额外的资金和以优惠条件转让环境无害技术,是本地区实现可持续发展的保证。

　　3.联合国第十九届特别会议对《21世纪议程》执行情况进行全面评审是必要的,会议将可持续旅游业首次列入联合国可持续发展议程,表明了国际社会对该问题的重视。

4.我们认为,旅游业正在成为本地区发展最快和创造就业机会最多的产业之一,对促进本地区的经济发展和文化交流,加强人民之间的相互了解,维护世界和平,正在发挥重要的作用。旅游业的可持续发展是本地区经济可持续发展不可缺少的组成部分。

5.我们认为,本地区丰富多样的自然资源和文化遗产是本地区各国人民及其子孙后代的宝贵财富。我们对它们所遭受的威胁,包括森林植被破坏、土地侵蚀与退化、生物多样性减少、水域和海洋污染、空气质量恶化等,表示忧虑和关注。

6.本地区是世界上珍贵的自然资源和文化遗产最为丰富的地区之一,其中不少已被列入世界"文化和自然遗产"及"人与生物圈"计划,并被各国政府划为"保护区"。它们对维护全球生物多样性和人类文化财富具有不可取代的价值。

7.我们相信,旅游业的发展与环境保护是可以相互支持、相互促进的。在合理使用自然资源和努力保护环境的前提下,促进旅游业的可持续发展可以减少有关地区对自然资源与环境的压力和破坏,增强当地政府和人民保护自然资源和环境以及各种文化遗产的积极性,有利于经济的可持续发展和人民生活水平的提高。

8.我们确信,健全的法律是合理利用自然资源、有效保护环境、推动旅游业可持续发展的重要保证。我们进一步指出,物品、服务、技术和人员的自由流动会更有助于旅游业实现有利于生态的可持续发展。

9.我们认为,加强对旅游开发的合理规划和科学指导,评估旅游开发的环境影响,有助于可持续旅游业的形成和发展。

10.我们认为,旅游业经营者、旅游者都有责任与义务保护自然资源和环境,保护各种文化遗产,采取自觉行动,积极推进旅游业沿着可持续发展的轨道继续发展。

我们呼吁和敦促:

1.各国议会和政府通过双边和多边合作,促进本地区的可持续发展。敦促国际社会特别是发达国家和有关国际组织,以实际行动兑现里约环发大会的承诺,对发展中国家旅游业的可持续发展给予新的额外的资金和技术支持,并提高他们自身的建设能力。

2.各国政府积极制定和实施旅游业可持续发展的战略和政策,使旅游业的发展同本国社会、经济和环境保护的总目标相适应,造福于当地人民。

3.各国政府采取负责态度,克服当前亚洲金融危机所造成的消极影响,努力确保本地区社会、经济的可持续发展。各国议员为此加强合作。

4.各国政府加强对本国自然资源和环境以及文化遗产的保护,为旅游业提供可持续发展的坚实基础,采取措施限制因旅游资源的过度开发可能造成的影响和破坏。

5.各国议会加强对自然资源和环境以及文化遗产有效保护的立法,并采取措施保证有关法律的有效实施。

6.各国政府根据本国具体情况,研究和制定旅游业可持续发展的规划,研究、制定和实施旅游开发的环境影响评价制度,并支持地方政府和旅游行业建立可持续旅游业的示范区和示范项目。

7.各国政府加强自然资源和环境保护的宣传教育,提高旅游业经营者、旅游者的环境意识,加强旅游业经营者和当地民众在旅游业可持续发展中的相互协调配合。

8.各国旅游业经营者选择有利于环境保护的开发和经营模式,选择有利于环境保护的各种旅游模式,包括文化旅游和生态旅游。

9.各国旅游业经营者和旅游者自觉遵守所到国家与地区的自然资源和环境保护等方面的法律,自觉遵守国际旅游界所制定的行为规范。

10.各国旅游业管理部门和经营者加强本地区旅游业发展方面的合作与交流,合作组织市场开发,共同保障各国旅游业经营者和旅游者的正当权益,合作开展业务培训,推动各国旅游业向可持续旅游业转变,增强各国发展可持续旅游业的能力。

附录 9　世界旅游组织旅游可持续性发展指标国家研讨会中国桂林(阳朔)宣言

世界旅游组织可持续性发展指标国家研讨会于 2005 年 7 月 25 日至 28 日在中国阳朔举行。与会代表取得如下共识。

一致认为:

一、中国是世界上国内旅游和国际旅游发展速度最快的旅游目的地国家之一。

二、中国的旅游资源独特,有着丰富的自然和人文景观,但同时也在自然环境和人文环境方面面临因旅游业的发展而不断增长的压力。

三、旅游发展的可持续性对中国及其目的地非常重要。

四、社会、经济和环境诸方面与旅游相关的更好信息对中国以及像桂林、阳朔这样的目的地旅游可持续性发展将起到决定性作用。

五、从长远保障可持续性看,良好的指标是目的地旅游规划和管理的关键支持工具。

六、阳朔是中国首个应用旅游可持续指标的实验目的地。同时阳朔也被认定为世界旅游组织可持续性观测点。

七、在中国旅游目的地充分实施和使用的指标体系涉及多个方面:

政府、私营机构及个人旅游经营者,社区,学校和研究单位,其他组织(非政府组织等)。

八、在阳朔取得的有关世界旅游组织指标应用研究和研讨会方式对中国其他目的地同样适用。

因此,我们声明如下:

(一)2005 年 7 月 25 日至 28 日在阳朔举行世界旅游组织旅游可持续性发展指标国家研讨会是中国首次运用旅游可持续性发展指标的富有重要意义的一步。

(二)阳朔将作为旅游可持续性发展指标在应用和积累经验方面的一个实验目的地。

(三)指标在阳朔的运用和实施将作为现行阳朔规划的一部分,同时也是世界旅游组织阳朔观测点的工作部分。

(四)为与其他目的地分享经验,指标的采集将有规律性,并定期报告给桂林、阳朔以及世界旅游组织。

(五)中山大学将通过世界旅游组织阳朔观测点就旅游可持续性发展指标在阳朔的应用提供专家支持。

(六)中国国家旅游局、广西和其他省市旅游部分将组织类似研讨会,以确保全国范围内建立起旅游可持续性指标和监测项目。

(七)中国国家旅游局将确保不同目的地之间的经验交流并定期报告至世界旅游组织。

(八)世界旅游组织将对指标运用提供技术指导。世界旅游组织也将总结中国的发展的经验并将其与国际社会共同分享。

(以上两则"附录"资料摘自黄家城等著的《漓江流域文化生态研究》,漓江出版社,2011)

参考文献

1.曹树基.1959—1961年中国的人口死亡及其成因[J].中国人口科学,2005(1).

2.邓春凤.桂林城市结构形态演化研究[D].苏州:苏州科技学院,2008.

3.方悦仁等.正确认识漓江本质是科学保护漓江的金钥匙[J].旅游论坛,2010(03).

4.高言弘主编.广西水利史[M].北京:新时代出版社,1988.

5.广西大百科全书编纂委员会编.广西大百科全书·地理[M].北京:中国大百科全书出版社,2008.

6.广西航运史编审委员会编.广西航运史[M].北京:人民交通出版社,1991.

7.广西历史文化简明读本编写组著.广西历史文化简明读本[M].南宁:广西人民出版社,2013.

8.广西林业科学研究所.水源林是第一级水库[J].广西林业科学,1976(2).

9.广西省政府统计处编.广西年鉴(第3回下)[M].[出版者不详].1948.

10.桂林市地方志编纂委员会编.桂林市志[M].北京:中华书局,1997.

11.桂林市政协文史资料委员会编.桂林文史资料(第13辑)[M].桂林:漓江出版社,1988.

12.黄家城,陈雄章等著.桂林交通发展史略[M].北京:人民交通出版社,2000.

13.黄家城,廖江.漓江流域文化生态研究[M].桂林:漓江出版社,2011.

14.黄家城.漓江史事便览[M].桂林:漓江出版社,1999.

15.黄家城主编.桂林市交通志[M].南宁:广西人民出版社,2004.

16.黄伟林.漓水青莲——桂林古代养正文化巡览[M].桂林:广西师范大学出版社,2012.

17.黄现璠等主编.壮族通史[M].南宁:广西民族出版社,1989.

18.蒋能,李虹,欧蒙维.保护和营造水源林对解决漓江枯水问题的意义[J].福建林业科技,2008(35).

19.李玲.桂林近代城市规划历史研究(1901—1949)[D].武汉:武汉理工大学,2008.

20.李守鹏,汪鹏生,倪三好著.孙中山全传[M].南昌:江西人民出版社,2001.

21.梁新.桂林市资本主义工商业的社会主义改造[C]//中共桂林市委党史研究室编.中共广西地方历史专题研究(桂林市卷).南宁:广西人民出版社,2001.

22.廖建夏.试析陆荣廷治桂时期的广西商业贸易[J].广西地方志,2013(6).

23.林焕平.五年来之文艺界动态[J].学术论坛,1942,6(1).

24.林天宏.勇武校长马君武:"北蔡南马"与蔡元培齐名[N].中国青年报,2007-12-26.

25.林远洲,张旭阳.抗战胜利后政府力量主导下的桂林市政建设问题研究[J].中共桂林市委党校学报,2015(15).

26.灵川县地方志编纂委员会编.灵川县志[Z].南宁:广西人民出版社,1997.

27.刘小花.桂柳运河系统的形成与区域经济发展[J].桂林师范高等专科学校学报,2015(4).

28.刘秀珍.漓江生态文化研究[M].桂林:广西师范大学出版社,2010.

29.刘业林主编.桂林史志资料(第1辑)[Z].桂林市地方史志总编辑室,1987.

30.马君武著,文明国编.二十世纪名人自述系列:马君武自述[M].合肥:安徽文艺出版社,2013.

31.蒙爱群,覃坚谨.广西三线建设的概况[J].传承,2008(2).

32.莫连旺.雁山园.载桂林市雁山区文史资料第1辑[M].政协桂林市雁山区委员会,2016.

33.庞铁坚著.推开桂林的门扉[M].桂林:广西师范大学出版社,2010:230.

34.全州县志编纂委员会编:全州县志[M].南宁:广西人民出版社,1998.

35.任佩.民国时期广西旅游业的发展[D].桂林:广西师范大学,2013.

36.苏新民.筹建桂林风景市拟议[Z].桂林市政府公报,1947(22—23).

37.孙中山著,张小莉、申学锋评注.建国方略[M].北京:华夏出版社,2002.

38.唐凌.陆荣廷统治时期广西的水灾及其救灾防灾措施[J].广西民族研究,1999(3).

39.谢迪辉.桂林:中国一张漂亮的名片[M].桂林:广西师范大学出版社,2008.

40.杨年珠.中国气象灾害大典·广西卷[M].北京:气象出版社,2007.

41.张迪.桂林米粉[C].桂林:广西师范大学出版社,2012.

42.张岳.新中国水利五十年[J].水利经济,2000(3).

43.政协广西壮族自治区委员会编.历史名人写广西[M].桂林:广西师范大学出版社,2012.

44.中国人民政治协商会议广西壮族自治区委员会编.广西文史资料选辑(第1辑)[Z].1961.

45.中国人民政治协商会议广西壮族自治区委员会文史资料委员会编.老桂系纪实[M].南宁:广西人民出版社,2003.

46.中山大学历史系孙中山研究室,广东省社会科学院历史研究所,中国社会科学院近代史研究所中华民国史研究室合编.孙中山全集(第五卷)[M].北京:中华书局,1985.

47.钟文典.桂林通史[M].桂林:广西师范大学出版社,2008.

48.钟文典主编.广西近代圩镇研究[M].桂林:广西师范大学出版社,1998.

49.周绍瑜,汤世亮.十年"文革"动乱:桂林经济在艰难中徘徊前行[N].桂林日报,2011-7-1.

50.朱百毅.漓江流域水资源管理史研究[D].桂林:广西师范大学,2008.

后　记

　　编撰一部反映 1912 年以来漓江生态环境变迁与保护行动的书，涉及年代跨度很大，涉及学科很广，非一人之力所能及。在共青团桂林市委书记陈文彬等相关领导的关心和支持下，在广西师范大学出版社以及编委会成员的辛勤努力下，本书历经两年多终于得以完成。

　　这部《百年漓江》是共青团桂林市委员会和广西师范大学研究团队共同合作的产物。其特点之一是借助生态环境的诸多监测数据来反映漓江及漓江流域近百年来在水文、植被、气温等方面的变化并对其变化的原因进行了探析。其特点之二是梳理了自 1912 年以来历届政府对漓江的治理举措、成效，尤其是梳理了相关的国家领导人参与漓江治理的指示精神、主要活动和对桂林山水的评价。其特点之三是梳理了古代诗人、官宦、旅行家对桂林山水和漓江的评价，梳理了国外政要、名人对桂林山水的评价，梳理了漓江生态环境治理的经验。

　　本书的架构与思路设定、统稿与修改、与出版社对接等工作由何乃柱博士总负责。广西师范大学翟禄新博士主要承担了第一章和第二章初稿的撰写，何乃柱博士进行了补充和修改。文学硕士陈曦、何乃柱博士参与了第三章和第四章的撰写。李天雪博士带领两个硕士研究生蔡芬、蒋春凤主要承担了第五章、第六章、第七章的撰写。何乃柱博士和吴秋萍硕士负责第八章、第九章的撰写，其中社工卢阿莲参与了外国政要名人对漓江的评价的资料搜集和撰写。其他编委会成员参与了资料搜集、校正、图片说明等工作。

本书从确定撰写、搜集资料到完成书稿时间不长，大部分时间用于资料搜集和比勘，有许多珍稀文献没能充分使用是为遗憾。漓江生态环境变迁和保护研究是一个大课题，涉及的内容丰富广博，值得深入研究。为做到图文并茂，本书借用了一些照片和数据，因暂时无法联系到作者，未能一一标注，恳请作者予以见谅，并与我们编委会联系。

本书算是投石问路之作，权当抛砖引玉。可以说本书是在仓促之中完成的，缺漏、错误之处在所难免，还望读者批评指正，以期有机会再版时补充完善。我们的联系方式如下：908619122@qq.com。

《百年漓江》编委会

2017 年 10 月 15 日